U.S. Department of Energy
Energy Efficiency and Renewable Energy

美国能源部
能源效率与可再生能源局

美国能源部能源效率与可再生能源局的宗旨是通过公私合伙的运作，加强美国的能源安全、环境质量与经济活力，其主要目标是：

- 增强能源效率与生产率
- 为市场提供清洁、可靠、价廉的能源技术
- 通过提高能源选择与生活素质而改善美国人的日常生活

U.S. Department of Energy
Energy Efficiency and Renewable Energy Office

The mission of the U.S. Department of Energy's Office of Energy Efficiency and Renewable Energy is to strengthen America's energy security, environmental quality, and economic vitality in public-private partnerships that:

- Enhance energy efficiency and productivity;
- Bring clean, reliable and affordable energy technologies to the marketplace; and
- Make a difference in the everyday lives of Americans by enhancing their energy choices and their quality of life.

与了解更多信息，请登陆官方网站 http://www.eere.energy.gov/，
或联系我们：

U.S. Department of Energy
1000 Independence Ave., SW
Washington, DC 20585
1-800-dial-DOE
Fax: 202-586-4403

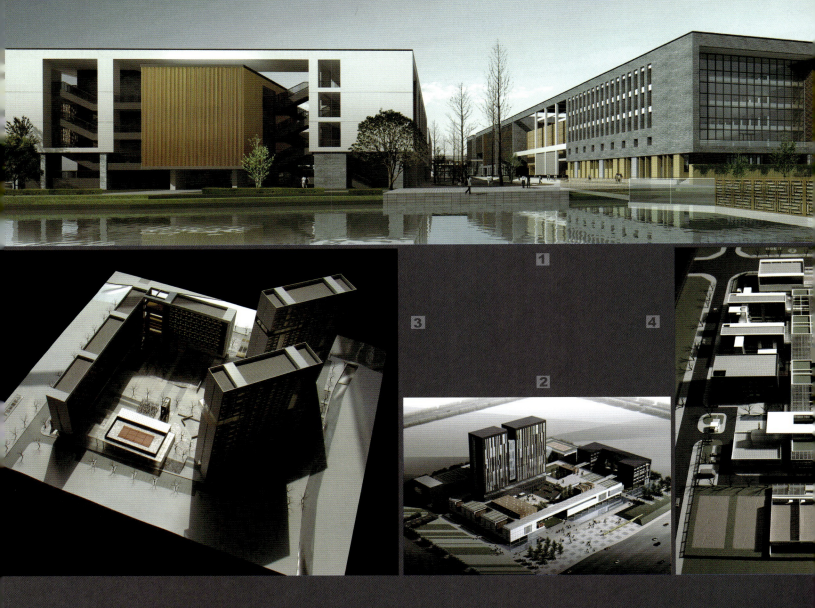

DC国际建筑实践 宁波系列作品 2008-2009在建项目

平刚	执行董事 首席建筑师
崔哲	设计总监 建筑硕士
揭涌	技术总监 注册规划师
万江蛟	项目总监 一级注册建筑师

DC国际(DC ALLIANCE SINGAPORE)致力于提供专业的城市规划、城市设计、建筑设计和景观设计服务。

1998年DC国际正式在新加坡注册成立并开始拓展中国市场，其后九年间先后在上海、南京、宁波、青岛、南宁、北京、无锡、西安等城市以各种形式参与设计业务。2001年DC国际正式在上海成立中国设计事务所，它旨在以精湛的专业技术为业主提供高标准的服务，与此同时以优秀的作品强化我们的建筑环境。终经努力，DC国际的工作得到了世界的认可，宁波东部新城中小学设计和柳工集团总部工程入选2005年10月美国纽约建筑周。

DC国际的建筑实践基于以下三个根本原则：
首先是全面细致地了解业主的需求，以高度的责任心及丰富的经验为业主带来最佳的经济效益，以敏感的设计和精良的作品来表达业主的精神追求。通过与业主的密切合作建立相互的尊重及信任。
其二，为业主提供最健全的服务。DC国际既注重结果又强调过程，在设计过程中的各阶段始终组织有条不紊，同时努力实现建筑设计到建成作品的高完成度。最后，DC国际团队采用最新的设计手段，使设计人员对各种计算机辅助设计程序及三维模型应用期熟，搭建流畅的思维与设计平台，追求完整的设计体验。

DC国际设计作品涵盖各种类型的公共建筑、文化建筑、住宅建筑和城市设计。无论项目的规模大小，事务所一直坚持向业主提供高端优质的设计服务，并为复兴中国现代建筑做出自己的努力。

1 慈城中学   Cicheng High School of Jiangbei Di
   业主：宁波江北区教育局
   建筑面积：3.6万m²

2 科技创业中心   Cixi Science and Technology C
   业主：慈溪杭州湾开发区管委会
   建筑面积：3.6万m²

3 人才公寓   Young Apartment of Yinzhou D
   业主：鄞州区城市投资发展有限公司
   建筑面积：12万m²

4 东部新城九年一贯制学校   Ningbo Eastern New City Primary Se
   业主：东部新城开发建设指挥部
   建筑面积：2.8万m²

   新加坡 上海 宁波 成都
www.dc-singapore.com

ARCHITECTURAL RECORD

EDITOR IN CHIEF	Robert Ivy, FAIA, *rivy@mcgraw-hill.com*
MANAGING EDITOR	Beth Broome, *elisabeth_broome@mcgraw-hill.com*
DEPUTY EDITORS	Clifford Pearson, *pearsonc@mcgraw-hill.com*
	Suzanne Stephens, *suzanne_stephens@mcgraw-hill.com*
	Charles Linn, FAIA, Profession and Industry, *linnc@mcgraw-hill.com*
SENIOR EDITORS	Joann Gonchar, AIA, *joann_gonchar@mcgraw-hill.com*
	Jane F. Kolleeny, *jane_kolleeny@mcgraw-hill.com*
PRODUCTS EDITOR	Rita Catinella Orrell, *rita_catinella@mcgraw-hill.com*
NEWS EDITOR	James Murdock, *james-murdock@mcgraw-hill.com*
DEPUTY ART DIRECTOR	Kristofer E. Rabasca, *kris_rabasca@mcgraw-hill.com*
ASSOCIATE ART DIRECTOR	Encarnita Rivera, *encarnita_rivera@mcgraw-hill.com*
PRODUCTION MANAGER	Juan Ramos, *juan_ramos@mcgraw-hill.com*
WEB DESIGN	Susannah Shepherd, *susannah_shepherd@mcgraw-hill.com*
WEB PRODUCTION	Laurie Meisel, *laurie_meisel@mcgraw-hill.com*
EDITORIAL SUPPORT	Linda Ransey, *linda_ransey@mcgraw-hill.com*
ILLUSTRATOR	I-Ni Chen
CONTRIBUTING EDITORS	Raul Barreneche, Robert Campbell, FAIA, Andrea Oppenheimer Dean, David Dillon, Lisa Findley, Blair Kamin, Nancy Levinson, Thomas Mellins, Robert Murray, Sheri Olson, FAIA, Nancy B. Solomon, AIA, Michael Sorkin, Michael Speaks, Ingrid Spencer
SPECIAL INTERNATIONAL CORRESPONDENT	Naomi R. Pollock, AIA
INTINTERNATIONAL CORRESPONDENTS	David Cohn, Claire Downey, Tracy Metz
GROUP PUBLISHER	James H. McGraw IV, *jay_mcgraw@mcgraw-hill.com*
VP, ASSOCIATE PUBLISHER	Laura Viscusi, *laura_viscusi@mcgraw-hill.com*
VP, GROUP EDITORIAL DIRECTOR	Robert Ivy, FAIA, *rivy@mcgraw-hill.com*
GROUP DESIGN DIRECTOR	Anna Egger-Schlesinger, *schlesin@mcgraw-hill.com*
DIRECTOR, CIRCULATION	Maurice Persiani, *maurice_persiani@mcgraw-hill.com*
	Brian McGann, *brian_mcgann@mcgraw-hill.com*
DIRECTOR, MULTIMEDIA DESIGN & PRODUCTION	Susan Valentini, *susan_valentini@mcgraw-hill.com*
DIRECTOR, FINANCE	Ike Chong, *ike_chong@mcgraw-hill.com*
PRESIDENT, MCGRAW-HILL CONSTRUCTION	Norbert W. Young Jr., FAIA

Editorial Offices: 212/904-2594. Editorial fax: 212/904-4256. E-mail: rivy@mcgraw-hill.com. Two Penn Plaza, New York, N.Y. 10121-2298. web site: www.architecturalrecord.com. Subscriber Service: 877/876-8093 (U.S. only). 609/426-7046 (outside the U.S.). Subscriber fax: 609/426-7087. E-mail: p64ords@mcgraw-hill.com. AIA members must contact the AIA for address changes on their subscriptions. 800/242-3837. E-mail: members@aia.org. INQUIRIES AND SUBMISSIONS:Letters, Robert Ivy; Practice, Charles Linn; Books, Clifford Pearson; Record Houses and Interiors, Sarah Amelar; Products, Rita Catinella; Lighting, William Weathersby, Jr.; Web Editorial, Randi Greenberg

McGraw_Hill CONSTRUCTION — The McGraw-Hill Companies

This Yearbook is published by China Architecture & Building Press with content provided by McGraw-Hill Construction. All rights reserved. Reproduction in any manner, in whole or in part, without prior written permission of The McGraw-Hill Companies, Inc. and China Architecture & Building Press is expressly prohibited.

《建筑实录年鉴》由中国建筑工业出版社出版，麦格劳希尔提供内容。版权所有，未经事先取得中国建筑工业出版社和麦格劳希尔有限公司的书面同意，明确禁止以任何形式整体或部分重新出版本书。

建筑实录 年鉴 VOL.1/2008

主编 EDITORS IN CHIEF
Robert Ivy, FAIA, *rivy@mcgraw-hill.com*
赵晨 *zhaochen@china-abp.com.cn*

编辑 EDITORS
Clifford A. Pearson, *pearsonc@mcgraw-hill.com*
张建 *zhangj@china-abp.com.cn*
率琦 *shuaiqi@china-abp.com.cn*

新闻编辑 NEWS EDITOR
James Murdock, *james_murdock@mcgraw-hill.com*

撰稿人 CONTRIBUTORS
Daniel Elsea, Andrew Yang, Jen Lin-Liu, Alex Pasternack, Henry Ng, Rebecca Ward

美术编辑 DESIGN AND PRODUCTION
Kristofer E. Rabasca, *kris_rabasca@mcgraw-hill.com*
Encarnita Rivera, *encarnita_rivera@mcgraw-hill.com*
Juan Ramos, *juan_ramos@mcgraw-hill.com*
冯彝诤
杨勇 *yangyongcad@126.com*

特约顾问 SPECIAL CONSULTANTS
支文军 *ta_zwj@163.com*
王伯扬

特约编辑 CONTRIBUTING EDITOR
戴春 *springdai@gmail.com*

翻译 TRANSLATORS
孙 田 *tian.sun@gmail.com*
姚彦彬 *yybice@hotmail.com*
凌 琳 *nilgnil@gmail.com*
钟文凯 *wkzhong@gmail.com*
王 衍 *gented@gmail.com*
茹 雷 *ru_lei@yahoo.com*
施国平 *guoping_shi@puredesign.us*
詹欢、李颖春 *Leecn-1981@hotmail.com*

中文制作 PRODUCTION, CHINA EDITION
同济大学《时代建筑》杂志工作室 *timearchi@163.com*

中文版合作出版人 ASSOCIATE PUBLISHER, CHINA EDITION
Minda Xu, *minda_xu@mcgraw-hill.com*
张惠珍 *zhz@china-abp.com.cn*

市场营销 MARKETING MANAGER
Lulu An, *lulu_an@mcgraw-hill.com*
白玉美 *bym@china-abp.com.cn*

广告制作经理 MANAGER, ADVERTISING PRODUCTION
Stephen R. Weiss, *stephen_weiss@mcgraw-hill.com*

印刷/制作 MANUFACTURING/PRODUCTION
Michael Vincent, *michael_vincent@mcgraw-hill.com*
Kathleen Lavelle, *kathleen_lavelle@mcgraw-hill.com*
Roja Mirzadeh, *roja_mirzadeh@mcgraw-hill.com*
王雁宾 *wyb@china-abp.com.cn*

著作权合同登记图字：01-2008-1800号

图书在版编目（CIP）数据
建筑实录年鉴.2008.01／《建筑实录年鉴》编委会编.
北京：中国建筑工业出版社，2008
ISBN 978-7-112-10020-0
I.建…II.建…III.建筑实录—世界—2008—年鉴 IV.TU-881.1
中国版本图书馆CIP数据核字（2008）第045666号

建筑实录年鉴VOL.1/2008

中国建筑工业出版社出版、发行（北京西郊百万庄）
各地新华书店、建筑书店经销
上海当纳利印刷有限公司印刷
开本：880×1230毫米 1/16 印张：4¾ 字数：200千字
2008年4月第一版 2008年4月第一次印刷
定价：**29.00元**
ISBN 978-7-112-10020-0
（16823）

版权所有 翻印必究
如有印装质量问题，可寄本社退换
（邮政编码100037）
本社网址：http://www.china-abp.com.cn
网上书店：http://www.china-building.com.cn

Palm Jumeirah
Dubai, UAE

创造奇迹—您能想到，我们就能实现

阿联酋棕榈岛Palm Jumeirah是当今的世界奇观。这个漫延60公里的迪拜海滨社区，动用了一亿立方米的砂石，不久这里将成为商业，零售，居住及旅游圣地。

为了确保这个标志性的获奖项目的成功，该岛的开发商Nakheel寻求Hill国际的帮助。Hill对此项目提供了全方位的项目管理服务，从规划到建设，不仅包括填海造岛，还包括岛上的1,500座私人别墅。

三十多年来，Nakheel和其它业主们总是寻求Hill来管理建造世界上最大型复杂项目。我们全方位的服务包括程序管理，项目管理，施工管理，开发管理 及施工索赔服务，帮助世界各地的客户避免和解决争议及索赔。

选择Hill国际，为您的项目降低风险提高回报。

Hill International

全球建筑业风险管理专家

www.hillintl.com   1 800 283 4088

© 2008 Hill International, Inc. All rights reserved.

ARCHITECTURAL RECORD

建筑实录 年鉴 VOL.1/2008

封面：都市实践设计的万科体验中心
摄影：Chen Jiu
右图：伦佐·皮亚诺建筑工作室和福斯福尔建筑事务所设计的《纽约时报》新总部大楼
摄影：Michel Denance

专栏 DEPARTMENTS

7 新闻 News

专题报道 FEATURES

《商业周刊》/《建筑实录》 中国奖 BUSINESS WEEK/ARCHITECTURAL RECORD CHINA AWARDS

11 篇首语 Introduction
中国各地的获奖项目显示出"好设计创造好效益"
By Clifford A. Pearson and 赵晨

12 大芬村美术馆 Dafen Art Museum
Urbanus Architecture & Design

16 良渚文化博物馆 Liangzhu Culture Museum
David Chipperfield Architects and ZTUDI, The Architectural Design and Research Institute at Zhejiang University of Technology

18 苏州博物馆 Suzhou Museum
I.M. Pei Architect with Pei Partnership Architects and Suzhou Institute of Architectural Design

22 上海铁路南站 Shanghai South Station
AREP VILLE and East China Architectural Design & Research Institute/Shanghai Xian Dai Architectural Design Group

24 中法中心 Sino-French Centre
Atelier Z+

28 宁波东部新城经济适用房 Ningbo Eastern New City Economical Housing
DC ALLIANCE and the China Ningbo Housing Design Institute

29 香港南海岸独栋住宅 Southside House in Hongkong
Chang Bene Design

30 荷兰大使官邸 Dutch Ambassador's Residence
Dirk Jan Postel/Kraaijvanger—Urbis, Universal Architecture Studio, and Royal Haskoning

32 万科体验中心 Vanke Experience Centre
Urbanus Architecture & Design

34 北京金融街 Beijing Finance Street
Skidmore, Owings & Merrill

36 崇启通道环境景观规划及崇明北湖地区规划 Chongqi Channel Environmental Landscape Plan and Chongming North Lake District Master Plan
EDAW

38 港铁欣澳站 Sunny Bay MTR Station
Arup and Aedas Limited

39 群裕设计工作室 Office of Horizon Design Co.
J.J. Pan & Partners, Architects & Planners

42 万科企业股份有限公司 China Vanke Co., Ltd.

作品介绍 PROJECTS

46 伦佐·皮亚诺建筑工作室和福斯福尔建筑事务所设计的《纽约时报》新总部大楼，为曼哈顿的天际线增添了亮丽一笔 Renzo Piano Building Workshop and FXFOWLE present a quietly luminous addition to the Manhattan skyline with The New York Times Building
By Suzanne Stephens

58 在科隆大主教辖区美术馆科伦巴，彼得·卒姆托将现代主义融入一处层累的历史遗迹，给予空间一种新的精神意味 Peter Zumthor fuses a historical palimpsest with Modernism at Kolumba, art museum of the archdiocese of COLOGNE, lending the space a new kind of spiritual overtone
By Bettina Carrington

66 概评：拒绝聚光灯，彼得·卒姆托设计的宁静建筑仍然引人注目 PROFILE: Refusing the spotlight, Peter Zumthor designs quiet buildings that still attract devotees
By Layla Dawson

68 在东京郊外的多摩美术大学图书馆，伊东丰雄将新型格网与创新性拱形体系结合在了他的设计之中 Toyo Ito combines a new kind of grid with an innovative system of arches at the Tama Art University Library outside of Tokyo
By Naomi Pollock

74 概评：继仙台多媒体中心之后，伊东丰雄的新尝试初露端倪 PROFILE: After his triumph in Sendai, Toyo Ito charted a new course, which is now becoming visible
By Dana Buntrock

architecturalrecord.com.

1.大芬村美术馆；2.良渚文化博物馆；3.苏州博物馆；4.上海铁路南站；5.中法中心；6.宁波东部新城经济适用房；7.香港南海岸独栋住宅；8.荷兰大使官邸；9.万科体验中心；10.北京金融街；11.崇启通道环境景观规划及崇明北湖地区规划；12.港铁欣澳站；13.群裕设计工作室；14.中国万科

Green Communities, Green Future

Green Building 绿色建筑
& Energy Efficiency 节能
2008.9.18-19, Shanghai, China

2008绿色建筑与节能国际大会：
绿色社区，绿色未来

2008年9月18日-19日
**The Forum at Shanghai World Financial Center
Shanghai, China**
中国上海环球金融中心会议中心

主办单位
Organized By: **McGraw_Hill CONSTRUCTION**

合作伙伴
Organizing Partner:

媒体合作
Media Partners: GreenSource   ARCHITECTURAL RECORD

继去年在杭州的首届会议大获成功之后，麦格劳-希尔建筑信息公司的"第二届绿色建筑与节能国际会议"将于今年九月十八日登陆新落成的上海环球金融中心会议中心。主办方麦格劳-希尔将在相关政府机构和行业协会的大力支持下，汇聚绿色建筑领域国内外知名专家学者、跨国公司业主地产负责人、房地产业领军人物以及世界顶尖的建筑设计和规划公司，打造一场全明星阵容的行业盛会。

SIGN UP NOW
To enjoy the special early bird discount*
USD 449 per person
vs. regular rate of USD 599 (a 25% discount)!

会议日程和参会信息，请浏览www.contruction.com/events/2008GB/
赞助机会请联系：钱鸣小姐 麦格劳-希尔建筑信息公司中国区会展经理
电话：(86) 21 2208 0855   传真：(86) 21 2208 0850   Email: ming_qian@mcgraw-hill.com

*Early bird discount ends June 30th, 2008

The McGraw·Hill Companies

新闻

百名建筑师在内蒙古建新城

第一批46名建筑师于1月份来鄂尔多斯参观基地（最左图），参加研讨会（中上、中下图），参观艾未未所做的第一个住宅（上图）

忘了上海和深圳吧！来看看中国的城市发展及其蓬勃的建筑雄心，内蒙古的一个弹丸之地就是最好例证。今年1月，来自世界各地的建筑师群集于离成吉思汗陵不远的寒冷的鄂尔多斯，启动了一个非同寻常的委托项目：100个年轻建筑事务所设计100套住宅。当天中午，市长杨红岩面对城市官员、规划师和吃惊的外国建筑师在启动仪式上作了讲话，她说："我要向世界宣告我们正在创造奇迹。"

该项目中除了已经建成的美术馆和博物馆，其雄心勃勃的计划还包括在490英亩（约198hm²）的基地上建剧院、办公楼和旅馆等，使该地区以后成为城郊的创意园。这个被官方称为江源文化创意产业园的新城和尚未有人居住的蔓延性新区相接，将提供越来越多的豪宅买卖并吸引新的投资商来鄂尔多斯，这是个靠煤和羊毛等资源财富发展起来的城市。企业家才江作为开发商，在项目中初始投资额为45亿人民币（6.26亿美元），他希望该项目能吸引中国的上层人士和外国购买者来此购买这些面积达到1000m²的别墅。

该项目总体策划由北京艺术家艾未未主持，他曾协助赫尔佐格和德梅隆建筑事务所（Herzog & de Meuron）的北京国家体育场项目。赫尔佐格和德梅隆同意起草一份包括100个年轻建筑事务所的名单，其中瑞士14家、美国35家、法国7家、印度和南非各1家（一些事务所拒绝了邀请，但随即有其他事务所替代）。尽管有11个来自亚洲的建筑事务所，但没有一个是中国的。才江说："我们需要新的理念。"被邀请的事务所包括Mass Studies/Minsuk Cho建筑事务所（韩国）、Rojkind Arquitectos建筑事务所和Tatiana Bilbao建筑事务所（墨西哥）、Christophe Hutin建筑师事务所（法国）、Territorial Agency建筑事务所（瑞士），Atelier Bow-Wow建筑师事务所（日本），NL建筑事务所（荷兰），以及WORK、Estudio Teddy Cruz和Toshiko Mori建筑师事务所（美国）。

第一批46名建筑师于1月份访问基地，他们通过抽签方式取得了相应的设计任务，其中大多数人认为这个项目的乌托邦色彩所带来的质疑和先前的惊讶一样多。在基地边举行的研讨会上，一些建筑师担忧新城面对破碎的沙漠环境该如何关注微观都市和生态。"伦理道德事宜应该提上日程。"阿姆斯特丹的生活标（NL Architects）建筑事务所的负责人克拉瑟（Kamile Klasse）说。其他人则想知道该项目是否允许建筑师解答他们自己的问题。"他们不希望我们遵守所有的规则，想在住宅建筑设计上广开言路。"墨西哥开发商（Mexico City's Productora）卡洛斯·阿尔伯托（Carlos Alberto）说。他的合作人艾克斯（Wonne Ickx）则反驳说："我们必须在一个月之内完成设计，所以没有很多机会去讨论。"在宴会上，艾未未简单地回应说："一切随你自己（Be Yourself）。"

纽约建筑师林恩·赖斯（Lyn Rice）说："每个人都意识到了项目暗藏的展览建筑师的成分。"他认为该项目提供了超出常规竞赛形式的对话机会。"哪里还会有像这样由百名建筑师组成的团队来相互协同工作，而不是竞争一个项目"。4月份，当第二批建筑师来参观鄂尔多斯的时候，赖斯与第一批的其他建筑师会和他们共同进行设计。

该创意园区已经可以和其他建筑集群设计相提并论，包括北京附近的长城公社和艾未未的浙江金华建筑艺术公园。"这种事情只会在现代主义早期出现。"美国MOS公司的梅雷迪思（Michael Meredith）说。他把该项目和由密斯和勒·柯布西耶等人主持的德国斯图加特魏森霍夫住宅展相比较，认为魏森霍夫住宅展象征了既定群体的意识形态，鄂尔多斯项目召集了只通过有限经验联系在一起的一群建筑师。"通过邀请那么多没有多少建成物的不知名建筑师，客户确实是在支持艺术。在本质上，支持了整个一代建筑师。这的确令人印象深刻。"

相关项目信息由网站www.ordos100.com提供，完整建筑师名单、交互式论坛已经建立，并会随着项目进展及时更新。

（Alex Pasternack文　姚彦彬 译　戴春 校）

Go with a leader.
Let Thelen take your company into the global markets.
携手思瑞走出去
开拓全球市场新天地

Thelen Reid Brown Raysman & Steiner LLP

美国思瑞律师事务所

www.thelen.com

Shanghai ▪ New York ▪ San Francisco ▪ Washington, DC ▪ Los Angeles ▪ London ▪ Silicon Valley ▪ Hartford ▪ Northern

上海 纽约 旧金山 华盛顿特区 洛杉矶 伦敦 硅谷 哈特福德 北新泽西

新闻 News

唐诗启示斯蒂文·霍尔设计新城市综合体

美国斯蒂文·霍尔建筑设计事务所(Steven Holl Architects)正在成都设计一个混合功能的综合体,该项目在大型的公共广场周边戏剧性地引入5幢大厦,将于2010年完工。斯蒂文·霍尔建筑设计事务所在纽约和北京都有办事处,在中国已有3个项目在建——北京住宅综合体、深圳万科房地产公司总部新大楼和南京艺术与建筑博物馆。

该成都项目由新加坡嘉德置地(CapitaLand)公司开发,它将办公、服务式公寓、宾馆和餐馆集中于具有6层购物中心的大厦上部。霍尔称该建筑为"切开的泡沫块",因为大楼似乎被切开了,允许人们从周边区域进入并享受广场和其他令人愉快的事物。至于项目的尺度及其多功能混合,霍尔称其为"巨大的都市块",他和他的团队把该建筑看做是对当代亚洲城市陈腐老一套的回应。

据建筑师说,当地建筑中规则性出现的微弱日光引导他形成了建筑有角度的切片形式。这些切割创造出建筑体间垂直的峡谷,人们由此进入中央广场。霍尔想像该广场"像洛克菲勒中心一样成为伟大的城市庭院"。受唐代诗人杜甫诗句"支离东北风尘际,漂泊西南天地间,三峡楼台掩日月,五溪衣服共云山"的启示,霍尔为广场设计了三个大型水池,它们为地下6层高的购物场所提供天光。通过在建筑的高密度立面上不规则切割空间,霍尔规划了悬浮的"亭阁"三重唱———一个由他自己设计,一个由艺术家艾未未设计,另一个由美国建筑师伍兹(Lebbeus Woods)设计地源热泵系统为建筑供热和制冷,广场上的水池收集可循环的雨水。通过使用高性能的玻璃、节能机械设备和地方性材料,建筑师希望建筑可以通过美国绿色建筑协会颁发的LEED金奖认证。

(Daniel Elsea 文　姚彦彬 译　戴春 校)

塔楼间的切割(左图)提供了进入中央广场的通道,由艾未未设计的悬浮"亭阁"(上图)

混合用途大厦作为广州的新地标建筑

总部位于芝加哥的美国GP建筑事务所(Goettsch Partners)在广州设计了66层高的混合用途大厦,该大厦将作为广州新市中心和大型城市广场的门户。

305m高的大厦的主要租户是广州公园凯悦酒店(Park Hyatt),它占据14个楼层。建筑其他部分包括40000m²的办公空间、6000m²的零售空间、24个共管单元、174间酒店式公寓以及可以停放700辆汽车的地下停车场。据该项目的主要设计者和副主管保罗·桑提斯(Paul De Santis)说,建筑随着高度的上升,通过"一个雕塑般非对称表面"统一了不同功能的磨光玻璃面。建筑角部从上而下锯齿状的收口,暗示了内部的新功能。立面上错列的垂直条带根据层与层之间因功能导致的高度不同而拉伸或紧缩。

"我们设计的表现形式统一了5个缠绕在一起的不同功能部分。"桑提斯说道。Park Hyatt大厦耗资1.5亿美元,预计将于2010年完工。

这座大厦占地2200m²,地处珠江新城两条地铁线间交通枢纽之上的2英亩(约0.8hm²)土地上。该项目是珠江新城,也就是广州新市中心规划的一部分。该地区还有很多新大楼,包括扎哈·哈迪德(Zaha Hadid)的广州歌剧院、严迅奇的广州博物馆以及英国Wilkinson Eyre建筑事务所设计的396m高的双子塔,它将成为中国最高的双塔。双子塔两翼分别是靠近珠江的步行大道和3750m的珠江公园绿带。

(Jen Lin-Liu 文　姚彦彬 译　戴春 校)

66层高的大厦将酒店、办公、居住、零售和花园空间集于一体

PPG IdeaScapes™，将产品、人员和服务进行合理的整合，
激发您无穷的设计灵感和色彩想象力。

PPG中国建筑市场团队网站： www.ppgideascapes.cn　　PPG建筑市场团队主网站： www.ppgideascapes.com
PPG工业公司网站： www.ppg.com　　PPG中国建筑市场团队电子邮箱： cmt_cn@ppg.com

《商业周刊》/《建筑实录》中国奖

中国各地的获奖项目显示出"好设计创造好效益"
Winning projects from around China show that Good Design Is Good Business

By Clifford A. Pearson and 赵晨

建筑师和商人好像通常说的不是一种语言。建筑师们爱谈论空间、光和超越的形态,而诸如"投资回报"和"风险管理"则是商人用语。《商业周刊》/《建筑实录》杂志奖的目标是在这两个世界间促进对话,并表彰那些设计与商业合作,增益各自目标的典范。这一奖项始于1997年,已成为世界最尊荣的奖项之一,也是世界上少数从委托设计的客户和使用者视角评价建筑的奖项之一。

我们以宽泛的视角看待"商业/业务"(business)这个术语,企业与公司事务之外,还包括政府部门、大学、文化组织和其他非盈利机构的工作。而且,我们认可对创作伟大的设计作品负责的客户与建筑师的团队。

在2005~2006年,我们以双年评选的形式将《商业周刊》/《建筑实录》杂志奖带到中国,相信这一奖项"好设计创造好效益"的讯息或许能在此找到肥沃的土地。今年,我们将荣誉颁给13个建筑和规划项目,规模小至香港的一座小楼,大到邻近北京中心的86万m² 的混合使用开发项目。我们选出了5个优秀的公共项目,但是没找到能符合我们的高标准的商业楼宇。我们创设了"室内建筑"的新评奖门类,我们认可住宅项目、绿色项目和保护项目。我们也选出了最佳业主:一位将设计作为其商业策略精要部分,并与中外勇于创新的建筑师们合作的房地产开发商。

《商业周刊》/《建筑实录》中国奖　公共建筑

大芬村美术馆
Dafen Art Museum

地点：中国深圳
建筑师：都市实践设计事务所
业主：深圳龙岗区人民政府

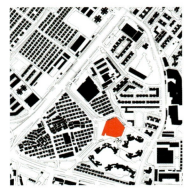

By Daniel Elsea　王衍 译　戴春 校

在大芬村聚集了成千上万的艺术家，他们整日忙于生产著名（或不知名）画作的赝品，这使得大芬村成为一个具有建造美术馆潜力的地方。在这个深圳的城中之村，大街小巷四处遍布着生产赝品画的工作室，许多画作甚至被购买用于装饰美国以及世界其他地方的宾馆客房。为了帮助提升街区的质量及吸引力，当地政府组织了一个美术馆的建筑设计竞赛，并最终选择了都市实践，一个在深圳和北京拥有工作室的建筑设计事务所来设计这座美术馆。

都市实践的方案超越了仅是设计一座房子，而提出了为美术馆本身所用的新功能。都市实践的三位合伙人之一孟岩说："在此建经典的美术馆将不合时宜。" 这个项目较少地呈现为一个传统意义的"美术馆"，而更多的是一个功能混合的艺术中心，它对城市地形以及城市文脉提出的独特文化意义作出了解答。都市实践设计了一座3层楼的建筑，每一层都有不同的功能。建筑底层向一个比邻的广场开放，为当地艺术家提供了售卖自己画作的地方，这里同时也是公共活动的场所。在二层，建筑师设计了由许多白色盒子的画廊组成的面积多达8000m²的展览空间。而在顶层，他们创造了一系列的室内工作坊和工作室，以及建筑形式上模仿大芬

摄影：© YANG CHAOYING（上图）；CHEN JIU（下图）

《商业周刊》/《建筑实录》中国奖　公共建筑

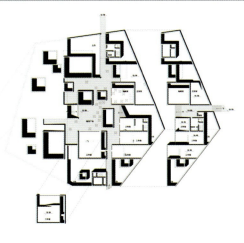

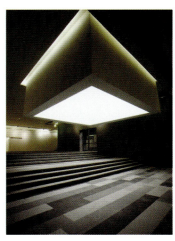

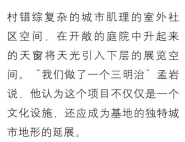

村错综复杂的城市肌理的室外社区空间，在开敞的庭院中升起来的天窗将天光引入下层的展览空间。"我们做了一个三明治"孟岩说，他认为这个项目不仅仅是一个文化设施，还应成为基地的独特城市地形的延展。

美术馆位于左邻右舍的边缘，成为一个重要的连接器，它提供了许多穿越美术馆自身到达周围地区的路径。美术馆紧靠比邻山丘的一侧，探讨了一个地理上的隔阂，即在其建成之前，山上的中产阶级居住小区和山下城中村的隔阂。建筑师将美术馆视作把不同地域交织在一起的机会，因此，他们整合了通达上层区域的两座连接桥，一条贯穿建筑第三层的路径，以及在美术馆内的公共通路。不幸的是，城市的管理者仍未开放连接周围区域的桥，而将这个建筑的功能折中为一个聚集人流的场所。

美术馆的立面也吸引了大量的关注。建筑师将城中村的网格的肌理形式旋转了角度，叠加于建筑的混凝土围护结构上，创造了一系列凹嵌于立面的矩形空间。在不远的将来，周围邻近的艺术家们将应邀在这些凹槽中绘画，这将改变这栋建筑灰头土脸的混凝土的廉价形象，使其呈现出色彩斑斓的拼贴效果，好似在庆祝大芬村离奇的本土艺术工业。

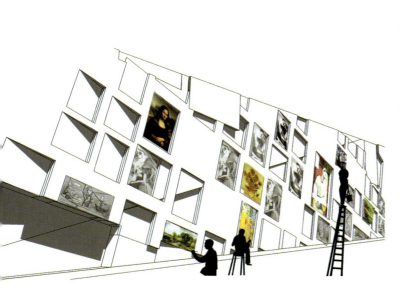

良渚文化博物馆
Liangzhu Culture Museum

地点：浙江省余杭市
建筑师：戴维·齐普菲尔德建筑师事务所、浙江工业大学建筑设计研究院
业主：浙江万科房地产集团有限公司

By Rebecca Ward　施国平 译　戴春 校

良渚博物馆位于浙江省余杭市的一块曾经被污染过的工业用地上，它过去与城市的联系并不紧密。这个石材贴面的建筑为良渚的古老文化提供了一个充满当代气息的新家。整个场地现在被改造成一个山水环绕的公园，这种人工化的地形很好地衬托了新博物馆充满雕塑感的形态。建筑平面上，通过博物馆西侧密集的树木和场地里曲曲折折的流水相互呼应，创造出一种具有欢迎姿态的景观。博物馆里的展品将包括一些本地出土且价值不菲的公元前3000年良渚文化时代的文物和遗迹。虽然建筑现在已经完工了，但博物馆要到今年年底才会开放。到时候，人们就可以看到一些长江流域新石器时代的文物，包括手工制作的翡翠、丝绸织物、象牙、漆制品和黑陶。

正如长江是良渚人民兴旺的基础，让他们发展出滨水文化和灌溉系统；在新博物馆的设计里，人工的水系也起到了穿针引线的作用。建筑物三面水池环绕，一座桥从中穿过到达入口，游客们可以看到水中建筑的倒影。

伦敦的建筑师戴维·齐普菲尔

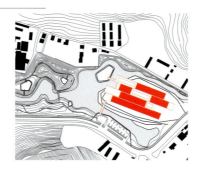

德将这个9500m²的博物馆设计成四个长方形盒子，每一个都有18m宽，长度和高度各异。在这些长方形盒子里，五个庭院嵌入其中，将室外和室内展览空间联系起来。庭院的阳光给室内展览空间带来了生气，也软化了那些方方正正的石质过道空间。木楼梯栏杆不仅界定了内部的庭院，它还可以当作长凳，为游客们提供可以停留和放松的空间。

"我们觉得游客很容易感知到这种抽象的几何形体和线性的空间，"齐普菲尔德说："既然它是一个博物馆，是一个人们可以探究的环境，我们想创造出一系列室内外空间，让游客体验到一种古老的文化。院落的应用，既丰富了线性的浏览路径，又与中国传统建筑相关联。建筑的外墙采用的是产于伊朗的乳白色和褐色石灰石，令人

联想到良渚人所造的著名的乳白色翡翠圆筒。

通过连桥到达入口庭院后，游客们可以选择大厅内两条独立的流线分别参观博物馆的永久藏品，或者是临时展品。通过后院，有另外一座桥将游客引到一个做室外展览的小岛上。在这里，人们可以欣赏到立在古老文化遗址之上的山景。

苏州博物馆
Suzhou Museum

地点：苏州
建筑师：贝聿铭建筑师暨贝氏建筑事务所、
苏州市建筑设计研究院
业主：苏州市文化广播电视管理局

By Robert Ivy, FAIA　孙田 译　钟文凯 校

对任何关心文脉设计的建筑师而言，苏州展现了艰难的挑战。苏州老城（丝织及贸易中心）建于2500年前的中国水城，位于长江下游、太湖之滨，代表了城市精致生活的顶点——在那里，内合的园林纳须弥于芥子。

现代苏州是一个人口约为600万的繁华大都市。2001年，苏州市长联络贝聿铭先生（FAIA），希望其在一个重要的城市节点设计一座博物馆。基地位于历史街区深处，在城市东北角的两条运河交叉处，邻接一座历史性宫殿，背倚一处尤其敏感的世界级遗产——拙政园（1506～1521年）。

令人生畏的限制定义了项目的边界。首先，这座城市需要一座大约1.4万m²的博物馆以展出其跨越千年的3万件中国艺术藏品。据官员称，博物馆的设计应反映当代生活，而高度限制则要求新建筑不超过16m——邻接现存历史建筑的部分不得超过6.1m。北京清华大学的学者建议建筑师尊重主导的苏州色调——白与灰——这是附近街区蓊郁葱翠的园林和街道的背景。

显而易见的对于高度限制的解决办法，曾被贝聿铭应用于卢佛尔宫金字塔（1989年），即是将建筑的体量压至地下。苏州地下水位甚高，全城环水，加大了深挖的难度。对开敞空间和绿化的要求增加了解决问题的复杂性，最终的方案予以分别处理：地上2层，地下1层；首层留出大面积空地用作园林。

为了对苏州的遗产作出回应，建筑师在博物馆的核心安排了一个围合的庭园。庭园的重点并不以那些游客熟识的造景元素（盆景、假山、回游路线）取胜，而是展现水、石与天空的单纯美感——更近于唐（618~907年）的老庄哲学，而非后世更为铺陈的习例。水与拙政园一脉相

承，自这座古老园林的后园穿过共用的围墙，流入新博物馆的水池，这是一片由一座风格化的园亭点缀的开敞空间。由这股水流汇成的主庭院水池成为定向参照，在院子中多处可见，将天色投射入另一维度。

围绕着主庭院，建筑平面勾勒出一翼展厅和一翼管理空间。入口处的八角大堂由定制的吊灯照明，既将主庭院纳入景框，亦鼓励观者转身前行。受保护的展览空间在长廊过道的端头，尺度正宜展示贵族阶层玩赏的代表苏州工艺水平的小而珍贵的物件，包括瓷器、绘画、玉器和木刻。大楼梯背对一面以流水为饰的花岗石墙，拾阶而上，是位于二楼的吴门书画厅。在主庭院的东面，贝聿铭坚持安排了一间展示中国新艺术的现代艺术展厅。

具有当代感的石材配置使苏州博物馆区别于之前的中国建筑。中国历史建筑世代以来都以瓦作覆顶，在角部起翘；苏州博物馆则以花岗石替代。建筑师称，瓦作易漏且缺乏整体性。在研究了传统建筑的形式和现成的石材色调（包括雨滴石材的色彩效果）之后，贝聿铭的团队选定中国黑花岗石。现在它覆盖着屋面、勾勒着窗户，并为粉墙收头。其效果干脆、明晰，而且无疑非常现代。

苏州博物馆代表了贝聿铭在这个中国文化摇篮的文脉中对建筑高度个人化的演绎。这一组建筑有所参照，但并不是直白地承袭前例，它们尊重其环境限制，不过并没有开创新天地。如果说苏州博物馆有的时候退回到布景的惯技，这个内合、三维设计的成功之处就在于其无损于极端敏感的环境，同时，亦给新一代中国建筑师提供了一个秉承先例的谦逊榜样——供其反思、争辩、批评、回应，继而谱写他们自己的新篇（依据《建筑实录年鉴Vol.2/2007》的文章"贝聿铭回到他在中国的故乡，为一块敏感的历史地段设计了苏州博物馆"节选，戴春整理）。

《商业周刊》/《建筑实录》中国奖 公共建筑

上海铁路南站
Shanghai South Station

地点：上海
建筑师：AREP VILLE、华东建筑设计研究院、现代集团
业主：上海铁路管理局

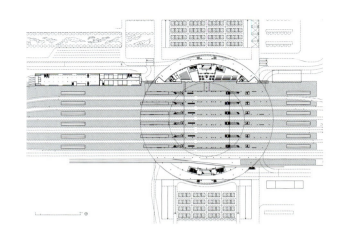

By Andrew Yang 孙田 译 戴春 校

宏伟的上海铁路南站是城际列车、城市轨道交通、出租车、公共汽车和私家车的综合换乘枢纽。它有着巨大的环状屋顶和玻璃筒体，也是上海南部的一个重要地标，表征着一座似乎一直在运动中的城市。这座车站服务于目的地包括杭州和香港的所有南向的线路以及两条上海地铁线。法国公司AREP VILLE和中国公司华东建筑设计研究院及上海现代建筑设计集团的建筑师们以一条高架匝道缠绕环形建筑，创造了公交车辆和小汽车下客的高效系统，并减少了乘客至候车区或直接去站台的步行距离。"我们开始在上海工作的时候，看到很多人坐车在城里来来往往，他们选择走高架道路，"AREP总经理和这一项目的主要建筑师Etienne Tricaud说，"于是，我们把高架匝道融入我们的设计，这是处理进站流线的有效方式。"

车站令人印象深刻的屋顶直径255m，覆盖面积达6万m^2，但得益于创新的结构系统，屋面看起来似乎是悬浮的。18根树状的立柱撑起同心圆组织的檩条和支架系统，创造出一个可承受大至250kg/m^2风荷载和强大地震力的结构。屋顶由3层组成：外侧是金属遮阳板，居中为透明聚碳酸酯片，内侧则是穿孔金属板。遮阳板呈一定角度以保证冬季日照，但阻止夏季的直射阳光。聚碳酸酯片和穿孔金属板也过滤并扩散日光，使柔和的照明遍布这幢建筑巨大的候车区，并减少了对人工照明的需求。

可容纳1万名乘客的候车大厅有一排商店和服务设施，亦让人一观其下天光照射的站台。"我们希望创造一个有强烈特征的公共空间，" Tricaud解释说，"一个为人而建的地方，一个为上海而建的地方。"巨大的自行车轮状的屋顶和诸如拉丝铝、玻璃、聚碳酸酯、穿孔钢板等光洁的材料——候车大厅代表着这座城市迈向21世纪的一跃。

这座环状的建筑是一个将人们从周边快速移至中心区域之下的列车的高效形体，除此之外，这个形式选择也暗合中国人天圆地方的宇宙观：外圈象征着天，而内部矩形的候车区域则代表着地。严格说来，这座车站是上海这座现代城市的门户，甚而是通往中国的过去与未来的门户。

《商业周刊》/《建筑实录》中国奖　公共建筑

中法中心
Sino-French Centre

地点：上海
建筑师：致正建筑工作室
业主：同济大学

By Clifford A. Pearson　孙田 译　戴春 校

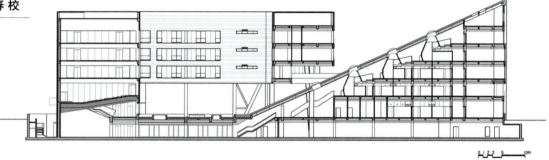

中法中心位于同济大学的东南角，与自大学1946年重建而发展起来的密集校园肌理相合。中心东临繁忙的四平路，西北角则邻近原有的旭日楼，西临"一二·九纪念园"和一座大型教学楼，它必须在好几个困难的条件中斡旋。除此之外，校方还希望保留基地上多数的树。致正建筑工作室是2002年由张斌和周蔚成立的年轻设计团体，他们设计了一座在基地上曲折蜿蜒的建筑，其室外空间没有压制基地原貌，而是将树木和周围的建筑织入其影响域。

中心的使命是推动中法合作，促进文化交流。受其启发，致正工作室提出"双手相握"的方案，将形式、材料和功能并置。建筑师们没有模糊或是掩饰差异，而是力图展现差异。于是，他们创作了一座可解读为两幢房子的中心———座以耐候钢板为外饰，另一座则面覆预涂装水泥纤维板；一座角度锐利，一座则是平顶。锈蚀的橙色一翼容纳了绝大多数的教室和演讲厅，而灰色水泥的一翼则提供了主要为办公室的空间。

折角耐候钢板外墙的教学区比灰衣的办公区有着更为戏剧化的个性，仿佛在说学习的过程才是这儿的明星，而行政功能则扮演配角。在室内，教学区亦更为多彩，其公共空间包裹在温暖、橙色调子的丰富而闪亮的木纹中。张斌和周蔚在延展的斜屋顶下加入了几个锥状体量的小教室，感性的形体上达屋顶，引入日光，在此注入了另一番视觉刺激。这些锥状体外饰与教学区其余室内相同的华美木纹，唤起了理查德·罗杰斯在法国波尔多法庭的设计，虽然这里的锥状体尺度小得多、预算少得多。建筑师们还为教学区设计了一座弧形的钢楼梯，为生机勃勃的材料与色彩组合再添表现性的元素。另一方面，有着白墙、简单的材料和细部清晰的窗户配列的办公区，则比较节制。

在教学区和办公区汇合处，致正工作室设计了一对难忘的空

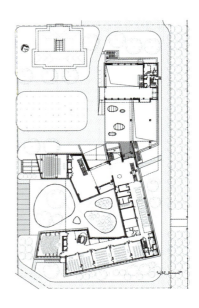

间,结合了室内和室外:地下层一座部分遮蔽的下沉式花园,其上层则是一座映日的水池。展览厅与咖啡馆侧立下沉花园边,创造出一套可为中心每个人分享的公共空间。

在这座建筑的成功中,景观设计居功至伟。建筑师们不止保留了基地上生长的很多树,他们还通过控制建筑的走向,与包含纪念碑的纪念园对话。中法中心界定了纪念园的新边界,建筑师们期望其室外空间为整个校园承担更重要的社会功能。

《商业周刊》/《建筑实录》中国奖　住宅建筑

宁波东部新城经济适用房
Ningbo Eastern New City Economical Housing

地点：宁波
建筑师：DC国际与宁波市房屋建筑设计院
业主：宁波东部新城开发建设指挥部

By Henry Ng　詹欢 译　李颖春 校

位于浙江省东北部的港口城市宁波，由于过去10年的迅速发展而使得城市基础设施变得超负荷。为了适应进一步的发展，宁波市政府于2002年决定建造东部新城，将城市范围扩展约16km²。但是随着都市化持续席卷中国，农民的拆迁安置问题已经成为地方政府面临的主要问题。2004年，宁波市政府委托DC国际（上海）设计第一期社区，在19.77hm²土地上解决1.1万人口的重新安置问题。

DC国际建筑事务所执行董事平刚认为："在中国的城市吞噬周边乡村的过程中，解决拆迁农民安置问题的优质的经济适用房却极少。"他把这个项目视作一个开先例的机会。平刚说："建筑师有责任促进社会公正，也有责任为动迁过程中的重新安置问题提供精致的设计。现在居住在宁波经济适用房中的农民都说这是他们见过的最好的社区。"

宁波的这一项住宅开发区项目由68幢白色的塔楼组成，其平面几何形式和有趣的颜色让人想起20世纪中期以荷兰风格派为先驱的现代主义设计。区内包括12幢18层住宅和16幢11层住宅，其余都是6层住宅。居住单元从一房到四房，面积在55~150m²之间，每个单元都有1~2个阳台提供一些室外空间，也为宁波湿热的夏天提供了一个室内凉爽的庇荫处。整个小区通过设置大量小花园、广场和两条大的水系，达成了建筑师提倡的"健康、生态、运动"的理念。

开发区中央有一个巨大的半圆形广场，作为社区活动中心，其中包括超市、小百货公司和可供住户打麻将和下棋的活动室。居委会希望在广场举办唱歌比赛或社区舞蹈之类的活动。平刚指出，这个广场同时也将成为集体锻炼的理想场所。其他有特色的地方包括大型地下停车库和卖蔬菜、海产品及其他日用品的绿色杂货店。

在都市化进程中，被迁移的农民经常处在被忽略的地位，但这个低收入住宅区的居民却得以享受比以前更好的生活。第一期建设已于2007年7月完工，现在DC国际正继续设计用来安顿1万名住户的二期工程。平刚说："建立和谐社会是当今社会的主题。为构建这样一个社会，建筑师力所能及的是通过设计经济适用房来满足那些低收入人群的需求。"

《商业周刊》/《建筑实录》中国奖　住宅建筑

香港南海岸独栋住宅
Southside House In Hongkong

地点：香港
建筑师：Chang Bene 设计事务所
业主：C.Tse

By Jen Lin-Liu　姚彦彬 译　戴春 校

　　Chang Bene设计事务所对在香港南海岸的一幢独栋住宅项目进行修复，他们遇到的挑战来自岛上居住所面临的现实：在狭小和拥挤的居住环境下，大量富裕的香港居民对居住空间的要求却越来越高。

　　Chang Bene的客户是一位香港商人。他喜欢户外活动和游泳，需要一个可以举行非正式会议、招待客户并带有庭院和户外泳池的空间，但不希望再扩建他原面积为325m²的住宅。Chang Bene公司的两位负责人之一雪莉（Shirley Chang）说："由于空间有限，这个项目的设计过程就像是个猜谜游戏，所有可能的方案都被否定了，简直就是一场无休止的谈判。"

　　原来的别墅有两层，建于车库和面积不大的地面层之上。雪莉说："住宅原来并没有直接与地面相连。"此外，每一层的空间都划分为若干封闭的小房间，是典型的港式别墅特点，而且通常这些别墅的面积并不大。

　　Chang Bene的设计是围合现有车库，并打通车库的屋顶，加建了2层高的起居室。在起居室和户外新泳池之间安置了宽大的可自动伸缩玻璃百叶窗。使得起居室看起来如同雪莉所谓的"漂浮的楼阁（floating pavilion）"。

　　建筑师将一层设计成一个巨大的趣味空间，其中包括起居室、开放式厨房和围合式餐厅，所有这些功能空间都紧密相联。通过下挖1.2m深，Chang Bene创造了一个地下室，里面包含客用的浴室和更衣室。

　　在地面层以上，Chang Bene设计了一个夹层作为书房，那里可以眺望到整个起居室。在顶层，建筑师将原来三个独立的卧室改为一个主卧室和浴室，浴室的墙壁从房顶到地面全部安装了具有光滑涂料表面的面板，这些可以滑动的面板在打开时增加了房间内的采光和过堂风。

　　Chang 说："客户希望所有房间都能尽可能开放，他一直在寻找这套房子的空间适应性。"

　　雪莉说该项目最困难的部分是向香港屋宇署（the Building Department of Hong Kong）报批2层高的起居室。由于城市空间有限，房屋署对这个2层高起居室的方案相当怀疑，他们不相信有业主更倾向于抬高屋顶的起居室而不要更大的面积。据Chang说，这个工程持续了两年，在香港来说是不常见的，因为很少有客户会同意设计公司花费那么长时间去完成一个项目。

　　雪莉的合伙人Christopher Bene说："人们越来越不喜欢联排住宅，他们渴望光线和空气，渴望与大地接触。"雪莉补充道："这让我们认识到，有些人更注重设计品质，而不是钱的问题。"

荷兰大使官邸
Dutch Ambassador's Residence

地点：北京
建筑师：Dirk Jan Postel/Kraaijvanger – Urbis; Universal Architecture Studio; and Royal Haskoning
业主：荷兰王国

By Alex Pasternack 凌琳 译 戴春 校

在一座由"墙"——紫禁城、四合院、长城——定义的城市中，荷兰王国驻北京大使馆依然是引人注目的。因为当你靠近它的时候，它看起来就像一片墙。这座房子的设计师，鹿特丹Kraaijvanger Urbis事务所的主持人迪尔克·扬·博斯特尔（Dirk Jan Postel）解释道："我们用一堵墙的概念来表达这座房子。"建筑的入口立面由片状黑色蒙古石筑起，长度超过这座独层建筑的总长，呈现出庄重的姿态。到了夜间，庄重感被多彩的LED灯光打破，暗暗向不远处三里屯酒吧街的霓虹灯致意，那是一处深受侨民喜爱的声色场所。除去悬挑于墙顶端的屋顶，整个屋子和后花园都隐匿在石墙背后。博斯特尔说："你会对背后的风景产生隐隐的好奇。"

建筑师博斯特尔曾经设计过一些偏公共的或透明的建筑，它们通常由承重玻璃围合，例如法国勃艮第的爱之殿II（Temple de L'Amour II）。然而在北京的大使官邸，博斯特尔选择强调私人性——这在外交官的圈子里是少有的。"大使官邸内常常举办40人规模的宴会，也许每周就有两三次，这种生活方式不能称为'家'。"为了在某种程度上获得私人性，博斯特尔把公共空间安排在建筑两翼中靠近中间的"具有代表性"的那一翼，而起居空间被安排在较小的、西侧的一翼。两翼之间设计了一个玻璃围起来的冬季花园，从正立面砖墙上留出的方形孔洞望去，隐隐象征着荷兰发达的农业。

如果说住宅的正立面隐约暗示了透明性的存在，那么它的背立面则高唱了一曲透明性的赞歌。在大片悬挑的平屋顶之下，顶天立地的玻璃使观者在一瞬间一览无余地望见后花园的景色。从花园回望，建筑是一个发光的全景玻璃盒子。博斯特尔称这是他最"密斯"的作品。由于北京地处地震带，他必须努力说服结构工程师，承重玻璃之间只需细长的钢柱分隔，而不必使用粗壮的混凝土柱，因为后者会有削弱屋顶的"重力悬停"之感。建筑师还要努力维护结构的精确性，博斯特尔认为，"中国目前还缺乏对建筑物理的深入理解"。为抵御严寒酷暑而设计的后花园是诱人的：树木、花丛、竹林围绕着一条由青草和砾石构成的蜿蜒枯水，还有艺术家Sjoerd Buisman创作的混凝土雕塑。博斯特尔认为，花园的存在弥补了墙垣的封闭感和防卫感。

尽管建筑师赋予建筑"墙"的形象，而当大部分大使官邸都在沿街面筑起森严的高墙时，博斯特尔却反对这种孤傲的姿态而另作安排。他设计了一排纤细的黑色柱子，慷慨地向路人展示大使官邸的模样。"这很重要，"博斯特尔说，"我们希望推倒这个片区的所有围墙。"在建筑学上，不存在所谓的外交官。

《商业周刊》/《建筑实录》中国奖　室内建筑

万科体验中心
Vanke Experience Centre

地点：中国深圳
建筑师：都市实践设计事务所
业主：万科企业股份有限公司

By　Daniel Elsea　王衍 译　戴春校

都市实践是一个在深圳和北京拥有工作室的建筑设计公司。使用这个名字最初是因为他们设计了一些公共开放空间，这些早期的委托项目主要为景观、广场或是公园，均设计建造于上世纪90年代末的深圳。今天，这个事务所已经拥有一张令人惊叹的建成建筑列表，这其中包括大芬美术馆（于今年获得《商业周刊》和《建筑实录》中国建筑奖）以及深圳规划办公大楼（两年前获奖）。不过，事务所的合伙人有时也会关注塑造室内环境空间，将他们的城市与建筑设计策略应用于此。

万科是中国最大的房地产开发商之一。在万科公司位于深圳建筑研究中心内的东侧大厅内，都市实践为他们设计了一个动态的陈列容器。如今，高质量的设计已经日益融入万科的品牌和商业模式并成为其重要的组成部分，于是公司想要建造一个空间来展示他们最新的具有革新意义的建筑以及研究团队的成果。

都市实践回应了万科的要求，创造了一个线条柔美的3层展示构筑，本质上说是原有建筑内的另一个建筑。设计的形式极富雕塑感，并置入在巨大中庭空间内，这些都让人联想起弗兰克·盖里在柏林的DG银行的方案。

"它是一个装在已有外壳中的巨型气泡。"都市实践的合伙人之一孟岩这样描述这个项目与众不同的形式。这个设计的轻柔形式回应了包容着它的沉重的混凝土结构建筑。孟岩称这座原有的建筑为"一座好的、结实的现代建筑，也是中国最早将混凝土结构暴露在外的建筑之一"，他希望新的方案能够激活新与旧的对话。因此，他设计了一个悬浮的帐篷，它不会拥塞中庭空间而允许光线和空气的流通。一个由成角的钢柱和金属杆件组成的复杂网格结构支撑了绝大多数结构荷载，同时，铝合金网格构成的面板覆盖成表皮，给其内部空间以喘息。这个气泡状的空间内并无分隔，因此体验中心感觉像是一个连续的建筑空间扩展到整个3层楼中。流动的形式以及可看透的半透明金属网格的表皮防止了任何幽闭症似的感觉，同时为这个较为严肃的混凝土研究中心注入了轻松的气息。

都市实践建造室外空间的经验暗示了他们在此的这个设计。这些经验帮助他们在连续循环的空间中创造出一系列不同的体验，同时明确清晰地提示了访问者如何浏览这个空间。此外，这也驱使他们以建造一个公共雕塑的方式对待这个项目，更为突出的特点是，晚上它会从内部发光并可以从万科研究中心外被看到。孟岩特别提到说："我们设计这个项目是作为一种探索公共可能性的方式，其中一个中心问题是如何让人们参与到这个空间中来。"

未来的计划是要求把万科研究中心的剩余的空间转换成一个更大的用于展览和展示的"体验中心"。整个公司将搬进正在建设中的新总部大楼，设计者是美国建筑师斯蒂芬·霍尔。

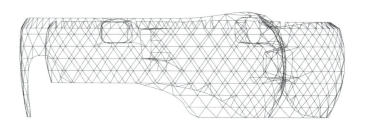

《商业周刊》/《建筑实录》中国奖　规划建筑

北京金融街
Beijing Finance Street

地点：北京
建筑师与规划师：美国SOM事务所
业主：北京金融街控股股份有限公司

BY Clifford A. Pearson　姚彦彬 译　戴春 校

北京金融街工程基地面积86万m²，汇集多功能用途，包括写字楼、酒店、各种零售商业设施、公寓和中央公园，致力于打造成为一周7天不间断、充满活力的24小时不夜城。SOM旧金山分所总管麦克尔·邓肯（Michael Duncan）说："我们希望能为北京创造出一种与众不同的都市化模式——即一种场所创造，远非建筑单体的设计。"为达到这个目标，SOM与SWA景观建筑公司合作，在项目的核心位置设计了大型的公共公园以及一系列的小花园和庭院，它们或是围绕在建筑周边或是埋藏在建筑内部。在这样一个缺乏社区公园和室外休憩场所的城市中，北京金融街提供了有影响的宜人场所。

"我们希望金融街区别于北京其他新区的建筑，那些新区里巨大的建筑从街道两边拔地而起，占据了整个街区。"邓肯解释道。因此他和团队采用了相对比较单薄的建筑形式，以保持街道的边界并以此鼓励步行者的积极参与。基地内18栋建筑每座都具有3层的地下停车场，并彼此相连，使得各种车辆能够在地下畅通行驶，而不会干扰地面的步行系统。建筑师将写字楼置于有

些嘈杂、占地8个街区的外围区域；而将两座酒店和328个住宅单元安置于环境更加安静、日照更加优越的内部，享用中央公园的景观。SOM事务所同时还设计了9万m²的新月形购物中心，自然光从其巨大的玻璃屋顶倾泻到室内。邓肯补充说："我们把商场中庭看作是室内的市民空间，成为对室外公园的补充。"

尽管金融街内部没有地铁站经过（距离最近的一站大约需要步行10分钟），但市政公交系统为项目地段提供了交通便利。步行道路在中央公园周边交叉往来，连接了各种建筑。更重要的是，它还有助于建立一个步行导向区域，将人们从临近的街区吸引过来。"我们并不是要在项目和周边环境之间建立一个清晰的分界线。"邓肯说道，"因为，我们更希望将金融街的能量释放出来，并影响到其周边的环境。"事实上，伴随着越来越多房地产评估工作的进行，围绕着项目基地周边的开发工作早已展开。来自国内外的银行、金融公司和保险公司已经入住到这些位于西二环的写字楼中。

北京金融街的成功，促使了政府要求SOM再为项目旁边的区域做规划的决定。作为这个成绩的一部分，SOM公司提出了沿着城市东西轴线创造一系列彼此相连的公园和室外空间以导向故宫的规划方案。尽管目前还并不清楚这个规划方案最终能实现到什么程度，但是金融街已经在私营开发项目中设立了新的公众愉悦标准。邓肯说道："我们的理念就是创造出一个公共的中心，它能使每个身处其中的人感受到愉快。"

《商业周刊》/《建筑实录》中国奖　绿色建筑

崇启通道环境景观规划及
崇明北湖地区规划
Chongqi Channel Environmental Landscape Plan and Chongming North Lake District Master Plan

地点：上海
建筑师：易道
业主：上海市城市规划管理局

By Henry Ng　钟文凯 译　戴春 校

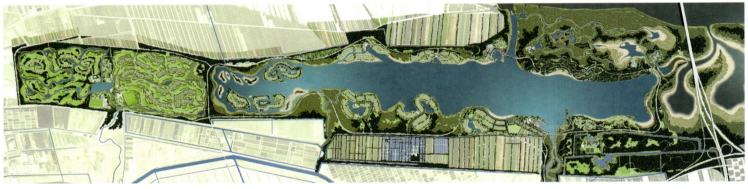

　　崇明岛位于上海北面的长江出海口，多个世纪以来一直维持着原始的乡村风貌。这个当地人心目中的"上海最后的天堂"尽管在不久的将来也要面临大规模开发，建筑师和规划师们却希望能使它保持住这一美誉。过去几年中，该岛屿成为了探索大尺度环境规划新策略的实验室。SOM于2004年完成了可持续开发这座面积为1041km²的岛屿的总体规划，工程师事务所奥雅纳（Arup）预期将于2010年前完成可持续性生态城市东滩的一期。最近，规划与景观建筑事务所易道完成了两个继续拓展环境设计与规划的前沿的大型规划项目——崇启通道景观规划及北湖地区规划。

　　高速公路虽然满足了必要的交通要求，但也常常造成城市与乡村环境的严重割裂。上海市城市规划管理局希望能建立一个新的先例，于2006年11月委托易道研究绿色公路的规划，使新的基础设施与周围环境相结合。崇启通道由两座桥梁、一条隧道和一条32km长的高速公路组成，联系上海与北面的江苏省。公路的主要特色将是两侧200m宽的景观隔离带。在分三期的实施过程中，周围的森林将演化成一个丰富多样的生态系统，一系列步行和自行车路径蜿蜒其中，吸引当地居民和游客的使用。易道规划设计的另一特色是其雨水过滤系统，它能够收集公路上流失的水土，在沼地系统中加以净化，再引入高速公路沿线的现有运河中。

　　在另一项目中，易道为北湖地区设计了总体规划，指导岛屿北部环绕咸水湖的34.5 km²的区域的开发，咸水湖面积为7.7km²，栖息着上百种鱼类和鸟类。该项目的目标是改善湖泊的水质，创造一系列的社区和景点，鼓励旅游业和经济投资进入这一地区。事务所在湖的东面设计了沉积盆地和人工沼泽地，处理从长江北支流和海洋流入的水源。湖泊东北和东南面的公园不仅可以吸引游客，也会招来从澳大利亚飞往西伯利亚途径此地的候鸟。总体规划还包括三个游乐社区和两个豪华居住社区，并配有高尔夫球场、马球俱乐部和健康中心。

　　易道在崇明岛的两个项目说明大规模开发与环境敏感性能够彼此兼容。

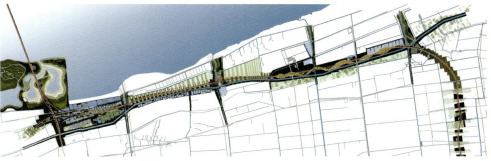

港铁欣澳站
Sunny Bay MTR Station

地点：香港
建筑师：凯达环球有限公司
主设计师：奥雅纳
业主：香港铁路有限公司

By Violet Law 孙田 译 钟文凯 校

　　港铁欣澳站位于香港一个新近开发的区域，它使精湛的工程技术和自然相结合，显示出即使是基础设施项目也能成为可持续的设计典范。欣澳站是东涌线和迪士尼线之间的换乘站，凯达环球与奥雅纳合作，设计了一座螺旋曲面的帐篷式建筑，其能耗只是这一规模车站典型能耗的1/3。

　　凯达和奥雅纳用自然条件帮助建筑降温，设计了一座两端开敞的建筑，捕捉通过基地的微风。因为这座建筑是人们游览香港迪士尼的游程起点，它的非正式气息显得尤其合适。"造一个空调控制的盒子是容易的，但是我们看了基地，用上了它提供的条件。"凯达负责这一项目的总监Max Connop说。设计之初，Connop意识到，位于大屿山的基地依山傍海，可以能利用风能冷却建筑。值得一提的是，香港铁路有限公司，一家运营香港市区和城郊铁路线路的公开上市交易公司，接受了将欣澳站作为其系统中第一座非全封闭车站的想法。

　　车站以轻钢框架、弓弦支架为骨，外覆由聚四氯乙烯（PTFE）制成的曲面织物。凯达和奥雅纳依据风向安排这一膜结构，并计算它的曲率，以优化围护结构内的空气流动。在设计阶段，运用了建模以确保产生舒适的小气候：热空气沿曲面顶棚上升，而冷风则沉至站台层。热空气通过微斜的玻璃百叶在接近建筑顶部处逸出，玻璃百叶亦使车站免受季风骤雨侵袭。车站铁轨站台两端的开口亦有利于自然通风。不含氟氯烃的水雾降温系统是后备举措，可降温4~6°C，足以在潮湿的夏季保持遮蔽的空间温度宜人。

　　设计师们用特富龙涂装的聚四氯乙烯织物为顶，部分原因是这种材料有自净能力。为使屋顶易于组装和维护，他们将屋顶结构断为独立的开间，间以窄玻璃屏。因为这种织物是半透明的，柔和的日光得以照入室内，大大减少了日间对电灯的需要。

　　凯达与奥雅纳设计了轻质结构的屋顶，因此可以采用筏式基础，其挖掘量远小于如此规模项目的常规量。他们也通过使用运到施工现场的预制构件，减轻建筑对周围环境的影响。

《商业周刊》/《建筑实录》中国奖 保护建筑

群裕设计工作室
Office of Horizon Design Co.

地点：上海
建筑师：潘冀联合建筑师事务所
业主：群裕设计咨询（上海）有限公司

By Andrew Yang 凌琳 译 戴春 校

留学美国的台湾建筑师潘冀，自1981年在台北创立潘冀联合建筑师事务所以来，素以大型建筑综合体和高层建筑的设计而闻名。2000年，潘冀的事业拓展到中国大陆，群裕设计即是其设在内地的分支机构。为了方便事务所的规模扩张，他选择将上海杨浦区一座旧工业建筑改造为群裕设计的办公室。建筑师说："用现代的形式与功能设计工作室的同时，我们希望保存这段历史的真实记忆。"

建筑毗邻黄浦江，始建于1921年，当时是通用电气在亚洲的第一家厂房，20世纪30年代曾被侵华日军征用为军火库，解放后隶属于上海发电厂附属设备公司厂区。今天，人人都知道外滩洋行建筑的历史保护价值，但是，保护上海工业遗产的观念尚未被大多数人所接受。潘冀发现了老厂房独有的美。这也许归因为20世纪六七十年代潘冀在美国求学时，曾师从菲利普·约翰逊，而当时约翰逊正开始探索如何在设计中融合历史。

为了保留老建筑的特征，潘冀的团队尽量不改变建筑外观，包括保留斑驳的墙面。潘冀认为，"有幸改造一栋旧建筑，保

留其富有历史感的外观是很有必要的"。在保留的原入口雨蓬钢架上方,设计师用半透明聚碳酸酯预制板和晒干的芦苇加了一个顶盖,形成有趣的光影。原有的铸铁大门也被原状保存,只是加上群裕设计的红黑二色的logo。甚至入口铺地的铁板,也是从基地中挖出来的旧物。

厂房内部,潘冀和他的合作者植入了两个结构元素:其一是围合工作区域的大玻璃盒子,其二是用本地拆房废砖砌筑而成的椭圆形会议室。而整个办公室也只有工作区和会议室被安装了空调。大量使用回收材料、最少限度地使用空调设备,是这个项目在生态设计层面的有益尝试。"老建筑的原汁原味固然值得保存,但在使用上,我们必须以实用的眼光来考虑。"潘冀补充道。

整个室内,钢和玻璃的光滑被建筑师用来抵消原建筑表面的粗粒。公共空间与私密空间的混合,呼应了旧上海的城市肌理。工作区域上方的夹层用于展览。在建筑的一角,设计师开辟了一处开放的阅览室,兼作咖啡和休憩空间用,高出室内地坪几级踏步。椭圆的会议室面朝着此处。当移门被拉开,就成了一个室内圆形剧场,踏步演变为观众席。建筑师希望空间具有双重甚至三重功能,使用不同的方式重新组合。

潘冀用这样一句话阐释他的设计方法:"我所尝试的,是在现代的、国际式的建筑里融入本土的、地域的特征。"

《商业周刊》/《建筑实录》中国奖　最佳业主

万科企业股份有限公司
China Vanke Co., Ltd.

请有才华的建筑师，强调创新的设计，生产有品质的住房，使万科荣获今年的最佳客户奖

By Frederik Balfour and Alex Pasternack　孙田　译　戴春　校

万科董事会主席王石不符合不择手段的中国房地产开发商的老套形象。轻声细语、恭谦有礼，对57岁的人来说极度健康结实的身形——他登过七大洲的高峰——王石是令人印象深刻的博学者，点缀他谈话的是美国心理学家马斯洛的需求层次理论、西班牙建筑师高迪位于巴塞罗那的圣家族教堂和最新的绿色建筑技术。短发平头、方下巴，让王石挺像电影导演张艺谋，王石在电视广告中为诸如大众汽车、平安保险和摩托罗拉等企业代言，挣得捐助慈善机构的数百万美元。

他也是中国建筑师最喜爱的人之一，这是使他的公司获得今年最佳客户奖的一个因素。"我觉得我们与他共事非常幸运。"斯蒂文·霍尔建筑师事务所合伙人李虎如是说——这家事务所设计了正在深圳施工的万科新总部。当李虎和霍尔展示他们的"水平摩天楼"：漂浮在公共空间之上的单栋建筑时，王石马上理解了这个概念，将它与他在南极所见的一座建在支柱上的美国考察站相比。

王石对好设计的激情使他不同于多数中国发展商。"我们希望身体力行简约。"将安藤忠雄列为他最喜欢的建筑师之一的王石说。

这一人生观回报丰厚。1988年，万科在上海首建其住宅开发项目，至今，万科已在20个中国城市落户。最近的整年数据显示，2006年万科总销售额为24亿美元，同期获利2.11亿美元。

由于万科重视品质和优秀设计，它已成为中国消费者中最知名的中国品牌之一。它在上海的"兰乔圣菲"为移居中国的外国人和富裕的中国人所追捧。它在深圳的第五园，因为融合了现代和地方性设计，去年荣膺城市土地学会（Urban Land Institute）的一个奖项，开幕即告售罄，在头18个月，房产价值飙升50%。

不同于绝大多数的发展商，万科管理其建造的房产，这除去了施工中求快求省的动机。"这家公司希望建立良好的声誉，并最终通过项目的品质、设计和建筑建立起一个好的品牌。"房产顾问仲量联行深圳研究团队的资深分析师徐玲说。为达到这一目标，万科有自己的400人团队，他们与消费者研究团队紧密合作，推出考虑房主需要的设计。"我们定下调子和理念，让专业人士去做其余的。"王石解释说。

万科为其位于深圳的体验

斯蒂文·霍尔建筑师事务所将深圳的新万科总部（上图和下图）设计为一座漂浮于公共空间之上的水平摩天楼。这座建筑将于明年完工。万科在深圳建造了万科城（对页图）

中心（参见本期第32页）选择了"都市实践"，一家因其创新的设计而正在建立国际声誉的当地建筑设计事务所。体验中心在万科目前总部旁的建筑研究中心内，为访客提供了多媒体互动体验，譬如，让访客穿上特定的设备，感受一下怀孕的滋味，或是体验一下坐在轮椅中游走厨房的感觉。体验中心是展示万科以顾客为中心的需求设计的一种聪明办法。"他比其他所有发展商多想一步。""都市实践"的合伙人孟岩说。

数年前，万科即开始提供全装修房，这也是万科和其竞争者的区别。今天，中国绝大多数住宅单元仍以毛胚房的形式售出，留待买房者接管道、装门窗、铺地面。王石估算，先于售房完成装修，每户可减少2吨建筑垃圾。"我们试图越来越着眼于绿色和环保。"他说。

万科也是转向预制型住宅的首家中国房产公司。对一个劳动力资源丰富、劳动力成本相对不昂贵的国家来说，万科的举动相当大胆，但是王石认为，在他的住宅产品中，开始提供一致的品质标准是相当重要的。这也符合公司的环境保护使命。王石的目标是，到2012年，公司住宅产品中的4%使用预制建材，这将节省施工中耗去的大量水、电和木材。单能量收益即可相当于三峡大坝12天的产出。

据斯蒂文·霍尔建筑师事务所的李虎说，王石的绿色资格是真正的。李虎说："王石去过两极，去过七大洲的最高山。什么人做了这些都会对环境相当在意。"他还提到王石坚持公司的新总部要取得环境与能源设计先锋的白金认证，"他明白建筑能带来多大

1 第五园，深圳
2 金域西岭，成都
3 东海岸，深圳
4 金阳公寓，北京

的改变。"

王石也坚信能让社会所有的阶层都用上好设计。万科正与"都市实践"合作，为深圳的外来务工人员设计低收入住宅项目。这个设计源自福建有800年历史的土楼形式——聚族而居的圆楼。这符合王石对企业社会责任的信念，也与他对中国建筑反映当地元素的愿望相合。

伦佐·皮亚诺建筑工作室和福斯福尔建筑事务所设计的《纽约时报》新总部大楼，为曼哈顿的天际线增添了亮丽一笔

RENZO PIANO BUILDING WORKSHOP AND FXFOWLE PRESENT A QUIETLY LUMINOUS ADDITION TO THE MANHATTAN SKYLINE WITH THE NEW YORK TIMES BUILDING

作品介绍 PROJECTS

钢和玻璃,纽约时代广场旁边的52层《纽约时报》新总部大楼(对页图)隐现在陶瓷杆幕墙后,丰富的光线(本页图)映射了建筑内部使用状况。

底面约为194ft×157ft（59m×48m）的纤细大楼（左图）和底面约为196ft×240ft（60m×73m）的裙房相连接，共同围合成一个中庭。大厦令人耳目一新，没有时代广场地区让人感到厌烦的特征（总平面，下图）。伦佐·皮亚诺认为灯光、透明度以及空间中人的活动赋予了建筑活跃性。在大厅里（对页图），艺术家本·拉宾（Ben Rubin）和马克·汉森（Mark Hansen）设计了一个艺术装置：将活体铅字安置在Marmarino的灰泥墙上

By Suzanne Stephens 姚彦彬 译 戴春 校

过去几年，纽约一直在努力转变她以前像外来疾病一样对待创新性建筑的做法，其开发商、银行家和政府官员们也正勇敢地遏制这种情况。其中一个解决办法是引进高水平的建筑师，以他们在别处的经验来应对纽约的考验。在《纽约时报》新总部大楼这一项目中，对于著名建筑师在顽固的纽约所能达到的期望，显然是轻易就膨胀了。《纽约时报》新总部大楼由位于热那亚及巴黎的伦佐·皮亚诺工作室（Renzo Piano Building Workshop）协同纽约福斯福尔（FXFOWLE）建筑事务所设计。它创造了优越的工作环境[室内设计由纽约詹斯勒（Gensler）室内空间规划事务所完成]，无论从远处还是近处看，新大楼并不能被建筑界指责过多。新大楼比例优雅，共52层，由钢和玻璃组成的直线型结构外覆以直径为3in（76mm）的白色陶瓷管表面层。新大楼似乎很温柔地置于纽约多样的建筑肌理之中。从远处看，除了在一定的阳光角度下，这些陶瓷杆看上去并非白色，而像精致的具有波形起伏表面的灰色洗衣板邦般光泽隐约。

正如《纽约时报》的建筑评论员尼古拉·奥罗索夫（Nicolai Ouroussoff）所注意到的那样，这座建筑正是20世纪中叶的经典建筑——密斯·凡·德·罗（Mies van der Rohe）的西格拉姆大厦（Seagram Building, 1958年）和SOM建筑设计事务所（Skidmore, Owings & Merrill）的利华大厦（Lever House, 1952年）——的精妙延续。该建筑与其前任们相比，理所当然在技术和可持续性设计方面更胜一筹，但它并不雄心勃勃地自封为21世纪摩天楼的典范。

诺曼·福斯特（Norman Fosters）的赫斯特大厦（Hearst Tower）（见《建筑实录》，2006年8月，第74页）是对雄心壮志的最好描述。这座大厦富有创造性且形式淳朴，激发了人们重新思考摩天楼结构的渴望（除此之外，它甚至已获得LEED金奖认证）。尽管伦佐·皮亚诺更加缄默，优雅的《纽约时报》新总部大楼比起高技化的赫斯特大厦更容易吸引人的目光，但它仍缺乏纽约历史上闻名的摩天大楼所特有气质。（但请不要忘记，那些倍受世人尊敬的建筑如克莱斯勒大厦（Chrysler Building）、帝国大厦（Empire State），甚至是洛克菲勒中心（Rockefeller Center），在19世纪30年代它们的设计初始，也遭到了诸如路易斯·芒福德（Lewis Mumford）和道格拉斯·哈斯克尔（Douglas Haskell）等建筑评论家的鄙视，被批评为所谓缺乏想像力或者粗制滥造）。

项目：《纽约时报》新总部大楼，纽约

建筑师： Renzo Piano Building Workshop with FXFOWLE——Renzo Piano（总建筑师）；Bruce Fowle, FAIA（项目负责人）；B. Plattner（RPBW）（合作建筑师）；Daniel Kaplan, AIA（FXFOWLE）（合作项目负责人）

室内设计： Gensler——Robin Klehr Avia（项目负责人）；Rocco Giannetti, AIA（项目经理）

工程师： Flack + Kurtz（m/e/p）；Thornton-Tomasetti Group（结构）

对伦佐·皮亚诺来说,他希望设计一幢精致的、充满诗意的,并且瞬间即逝的摩天楼。他说:"我反对建筑应饱经风霜的说法。"由于从未在纽约建过摩天楼,所以他希望福斯福尔建筑设计事务所可以与其合作。福斯福尔建筑设计事务所曾设计过时代广场上的其他高层建筑,包括Condé Nast大厦和路透社大楼等。工程责任人布鲁斯·福尔(Bruce Fowle)则顾虑伦佐·皮亚诺的到来会使他沦落为边缘建筑师的角色。尽管如此,两个公司最终同意以独立实体的形式参与此项工程的合作(并非法律上的合资形式),工程款项一分为二,并且信誉"共享"以加强合作(这听起来不错,但实际上受邀参加竞赛的伦佐·皮亚诺将毁誉参半)。在福斯福尔"选定合作者并确保工程不会背离功能和成本的要求"之后,布鲁斯·福尔准许皮亚诺进行"视觉"设计。该建筑造价不菲,总造价超过了10亿美元。由于150万ft²(约合13.9万m²)的工程项目还与独立产权公寓开发商FCRC(Forest City Ratner Companies)所共有,因此大楼中属于《纽约时报》公司部分(第二~二十七层)的成本希望控制在6.04~6.24亿美元,而FCRC公寓部分(第二十七~五十二层)的成本希望控制在4~4.29亿美元,他们共有第二十八层、第五十一层以及入口大厅。

伦佐·皮亚诺战胜了西萨·佩里(Pelli Clarke Pelli)、福斯特建筑事务所(Foster + Partners),以及在报道中一直占据优势的弗兰克·盖里(Frank O. Gehry)和SOM建筑设计事务所而入选(盖里和SOM建筑设计事务所是在最后一刻出局的,据推测是由于盖里担心他复杂带状垂直形式的激进设计最终有可能遭遇妥协)。《纽约时报》公司以开发商和共有者的身份,在独立产权公寓项目部分与FCRC"联姻",但这种举动也激起了部分人的不满。如何做到与布鲁克林MetroPark 的平庸开发商共事是一个问题。通过《纽约时报》公司房地产销售副主席戴维·特姆(David Thurm)的斡旋,两个业主和两家建筑公司最终学会了如何在一起处理问题(尽管如此,纽约时报大楼特有的创新节能特性并不存在于由FCRC所属的公寓楼层,因此他们不打算进行LEED认证)。经过这些建筑上的洗礼,FCRC如获新生的布道者一样,通过在布鲁克林反对之前就选定几乎成为《纽约时报》大楼建筑师的弗兰克·盖里,从而使纽约人接受他们在布鲁克林Atlantic Yards的扩建开发项目。

新《纽约时报》公司总部大楼基址位于沿第八大街十字路口右转的第四十一和四十二大街之间,该路段起始于脏乱、流线形设计的港务局公交车终点站。由于纽约开发公司(Empire State Development Corporation)承担了第四十二街区13hm²城市更新区域中7.9万ft²(约合7339m²)的土地开发项目,因此可开发空间的权属已事先确定。虽然由先前财产所有者的法律起诉所带来的延期不可避免,但是地块承租人仍享有该地块的减税权和国家征用权。

《纽约时报》新总部大楼与位于第四十三大街的老楼相距不远。从建筑角

中庭（对页图）位于建筑的中心位置，提供了日光，也为1~4层具有大面积波纹板的裙房提供了方向感。中庭栽以白桦树，其景观由H.M. White Site建筑事务所设计，在《纽约时报》中心礼堂中也能看到（下图）。大厅中（右图），清澈的玻璃、白色的橡树木地板，以及裸露的钢柱（涂以膨胀涂料）创造出了轻盈的环境感

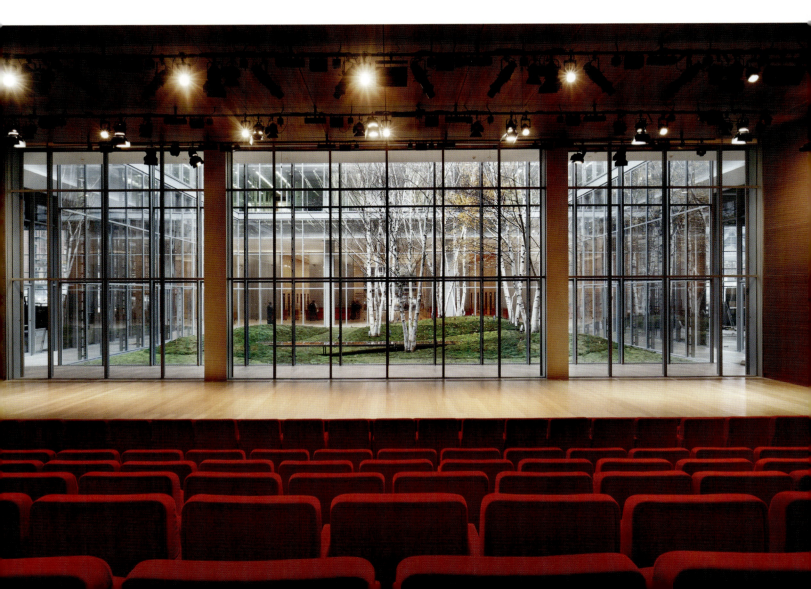

1. 零售店
2. 大厅
3. 中庭
4. 《纽约时报》中心礼堂
5. 礼堂大厅
6. 运货区
7. 新闻编辑部
8. 社论编辑部

A–A剖面图

大厦（剖面，左图）由《纽约时报》公司和FCRC所共有。第二~二十七层属于《纽约时报》公司，第二十七层以上由FCRC出租给了其他承租人（第二十八层、五十一层属共有）。《纽约时报》公司内部相互连接的楼梯和抬高的楼层利于通风换气

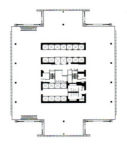

18-22层典型的塔楼

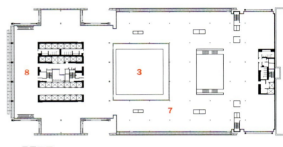

四层平面图

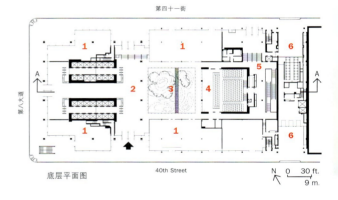

底层平面图

在底层裙房部分（对页，顶图），3层高的编辑室内以红色楼梯连通，顶部覆以天窗。每一层都有两个边梯（左图）方便上下楼。詹斯勒建筑事务所（Gensler）在设计时采用5ft×5ft（1.5m×1.5m）的顶棚方格网和光照模数，使之与幕墙竖框保持统一。大部分工作空间中使用樱桃木面板。而第二十二层过厅（最左图），则布置了色彩丰富的现代家具

度讲，它们截然不同。第四十三大街上阴郁而高大的老楼从1913年起便开始供报业公司使用，而在第四十二街区上纤细高耸的新楼由赛勒斯·爱德利兹（Cyrus Eidlitz）于1904年才设计，成为《纽约时报》公司的总部。《纽约时报》公司新总部大楼呈直线形的修长钢框架直接插入到第八大街边界，并与 4层高的裙房相连接，共同围合成覆以天窗的内院。伦佐·皮亚诺希望大厦在越接近第五十二层的高度越以非物质化的方式来显现：由杆件构成的表面层并没有把建筑的拐角也包围，因此在角部锯齿状的凹口处（在膨胀型涂料的帮助下）暴露出梁、柱和横拉杆结构（见细部，114~115页）。立面用一种刚硬而又略带几分羽毛般柔软的表达方式延续到了顶层，并围绕在结构层之上。在顶层，伦佐·皮亚诺正设计一个私人的房顶花园，他希望花园里的树木能够表达"可见的在场"。

非物质性和透明性是对建筑室内和室外的有效注解。当你从第八大街而来，视线随着楼梯间到中庭之间的装饰有金盏草的灰泥墙面，达到掩映在东面玻璃墙上如画般丛生的桦树林，进而被玻璃另一边的《纽约时报》中心礼堂的红色座椅所打断。作为新闻编辑室的裙房似鱼缸般将各种功能高效地组织在一起，以供记者和编辑人员交流和工作。位于大厦角部和编辑室里的开放式红色楼梯为《纽约时报》的员工步行上下一、二层提供了方便，而不必使用电梯。同样在这里，桌椅的摆放方式适合于非正式交流，围绕着核心筒的玻璃墙私人空间适合于工作和会议，所有这些特征在典型的开放式办公环境中都难能可贵。另外需要提及的是双层自助餐厅，那里的景色、光线以及厨房餐点可与许多传媒公司（例如Hearst、Condé Nast、 Bloomberg、以及 Fairchild）的相媲美，为员工提供了精心设计的餐点。

依赖于开放式的办公环境，保证了光线和景色的质量。当然，桌椅的摆放方式、型号，以及办公室的位置都是井然有序的。剪辑人员通常是被安排在距离景观窗最近的隔间内；记者则在位于剪辑人员和红色墙体电梯筒之间的隔间里；主编被安排在核心筒周边的玻璃办公室里；而《纽约时报》的执行编辑Bill Keller则拥有一间毗邻着一片抛光景观墙的玻璃办公室（为避免全透明玻璃的办公室，伦佐·皮亚诺在那里还安置了一个半透明的玻璃屏）。

编辑人员们则在整个安排中遭受冷遇。因为通常要在有限的时间内处理文本，所以他们的办公室距离记者、编辑和制作人员的很近，并且要小一些，没有樱桃木的隔断。这些压塑的办公桌看起来灵活而小巧。

细长的陶瓷杆以及它们之间的间隙将城市掠影投射到了办公室里，同时这个构造减少了30%的热负荷和13%的能耗。为了进一步减少热增量和眩光，建筑师们与制造商进行合作，安装了自动调节的遮阳板，通过它们可以敏感地回应阳光的变化。事实上，建筑师、电气工程师和灯光设计师们事先共同拜访了位于伯克利的加利福尼亚大学劳伦斯伯克利国家实验室（Lawrence Berkeley National Laboratory at the University of California, Berkeley）的建筑工程学院，调查其关于"动态照明"的研究。随后，（下接第56页）

独创性幕墙消除顾虑因素

顾虑因素,是为这位媒体巨头位于曼哈顿市中心的新总部大楼幕墙投标时,《纽约时报》和位于纽约的福斯福尔建筑设计事务所所面对的障碍。建筑设计师伦佐·皮亚诺为该项目构想了一个遮阳板(brise-soleil),它由水平杆件组成,距离幕墙18ft(5.5m)。一旦为这栋52层的大厦寻求有效的解决策略时,就发现这个想法概念上简单,执行起来却很复杂。福斯福尔建筑设计事务所高级负责人、美国建筑师联合会会员丹尼尔·卡普兰(Daniel Kaplan)断言说:"这种方法仅在欧洲小尺度项目上应用过,但从未在美国如此大尺度的项目上应用过。"

承包人在准备投标时往往会参考前例并作相关预测。由于该项目的幕墙技术是革新性的,所以在以上两方面都缺乏安全性评估。建筑师和委托人正确地预想到了幕墙承包商在竞标时会有所顾虑。也就是说当他们有所顾虑时,投标可能会落空,这在风险管理上也是能够被理解的。而对于委托人而言,成本控制最为重要。考虑到建筑外立面的费用就将占到建筑总造价的20%,那么任何防护涂料带来的额外支出都将导致建筑的总成本难以承受。

《纽约时报》公司和它的合作开发商FCRC(Forest City Ratner)决定使用强制收购权。他们选择了四家有资质,并将会参加项目竞标的幕墙制造商,出资让他们依照自己的方法制造出标准幕墙断面的实体模型以解决遇到的问题。丹尼尔解释道:"我们提供了初步设计的图纸和参数——5ft×13.5ft(1.5m×4.1m)的层高模数,以及安置在不同间隔的陶瓷(铝硅合金)杆件(直径为15/8in)。我们还为每个公司设立了执行标准,要求他们要寻找一种能以确定的价格制造出大部分组件的解决方式。"

幕墙基于5ft×13.5ft的控制模数,使整个外层结构都受益于这种组合结构。由隔热窗单元构成的模块固定于陶瓷杆遮阳板之后

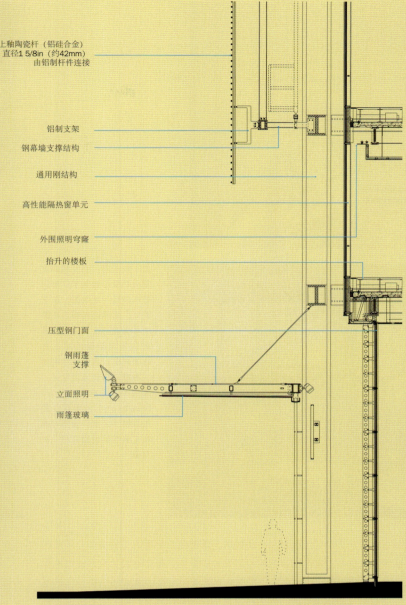

上釉陶瓷杆（铝硅合金）
直径1 5/8in（约42mm）
由铝制杆件连接

铝制支架
钢幕墙支撑结构
通用刚结构
高性能隔热窗单元
外围照明穹窿
抬升的楼板

压型钢门面
钢雨篷支撑
立面照明
雨篷玻璃

悬墙部分剖面图

这个方法十分有效。竞争促进了创新，四家公司都获得了成功。随着对挑战的控制和合理化，顾虑因素消失了。当要求各公司以自己的调查研究为基础进行幕墙竞标后，每个公司都提交了许多低于最初估价并在预算之内的提案。最终，委托人将工程委托给位于俄勒冈州波特兰市的Benson Global公司，他们刚好也正在为世贸遗址新大楼（the Freedom Tower at Ground Zero）制造幕墙。

最终的幕墙由很多组件构成。其中的陶瓷杆（硅铝合金）并非标准建筑材料，需要花费很大精力去确定供应商，最后德国莱比锡市（Leipzig, Germany）的一家陶瓷下水管制造商有幸被选中。其他的主要组件包括幕墙支承架和隔热窗组件。建筑师和结构师们很早就认识到现场安装1.7万个杆件将会是一件旷日持久、花销高昂，并且很难严格控制施工质量的工作。

通过使用组合结构和在俄勒冈州波特兰市环境控制的车间内建造幕墙，Benson将杆件系统和窗户整合在一个独立单元里，这个方法使幕墙具有可行性和坚固性。按照5ft×13.5ft的设计模数，工人们制造并装配了不同的组件。每一个单元都使用铝制的连接部件来保护杆件，这些连接部件由铝臂支撑，而铝臂则连接钢幕墙支撑结构。隔热窗组件同样基于设计模数，采用独立装配方式，由低铁含量、双层可选择透过性玻璃和高性能的低辐射涂层构成。而在那些没有杆件的地方采用了精致的陶瓷玻璃花纹图案。

在工程经济学总被认为会在保持外壳结构时减弱设计的时代，《纽约时报》大厦展示了它的固守性和灵活性。仅仅通过花费几十万美元就预先解决了设计问题，最终为业主节省了近百万美元的资金。Sara Hart

位于第十四、十五层的双层自助餐厅提供了广阔的都市美景（左上图，左下图）。它面对西面，在那边将会有一座大厦在港务局公共汽车终点站上方建造起来。自助餐厅内部（右图）由皮亚诺设计，采用了雅各布森（Arne Jacobsen）的家具。景观楼梯（左图）通向可供私人餐饮的夹层空间（对页图）

（上接第53页）《纽约时报》还建造了西南角办公室的实物模型，用来观察各种设备和工程技术是如何控制光线变化的。架空地板送风系统则产生于更多的研究和实物模型，它是曼哈顿最大的通风设备系统。通过在抬高的楼面层下安置通风口，从工作站旁边可调低压通风口流入的空气被冷却到了68°F（1°F=9/5°C +32）。而当空气受热温度升高时，就会从顶棚上的回风口流出。二氧化碳传感器则可以在必要时激发新鲜空气的流入。

总而言之，作为办公建筑这栋大厦很难有所挑剔之处：它拥有如此通透的光线、如此丰富的空间，甚至还具有对"粉红噪声"（pink noise）的消解设备。对于我们在相对较低档次的传媒公司工作的新闻记者而言只能望洋兴叹；或者只能抱怨12月份和1月份的寒风吹裂和打破四面轻盈的玻璃窗，甚至可以想像在12月份坚冰从大厦北立面的水平陶瓷杆上滑落的景象。

我们更愿意怀着乐观的态度，认为以下的瓶颈会随着时间的推移得到解决。首先，随着近期港务局对其空间权的出售，1300万ft²（约合120万m²）的大厦将在公共汽车终点站上方兴建起来，从而减弱了来自于哈得逊河流（位于纽约东部）的风力。同《纽约时报》大厦里的员工会感到西面的光线和景色被遮挡，但这种情况是纽约的地方病：原有开发引发新的开发。在北边一座38层的大楼正在建设，知道设计者是谁吗？福斯福尔建筑设计事务所。这座大厦同样也会遮挡《纽约时报》大厦在癫狂的第四十二大街上的部分光线和景观。

具有讽刺意味的是，这座精巧的52层高的大厦将随着时间的流逝而逐渐淡出都市风景。但现在我们仍然注意到，除了某种特定的阳光条件之外，陶瓷杆幕墙的比例优雅，远看像是呈波状起伏的灰白色面板。更大更粗的陶瓷杆似乎会更清晰可辨，但同时也会阻碍进入内部的外部景观效果。伦佐·皮亚诺在回顾时承认，陶瓷杆的确应该选择更白一些的。直到现在，污染还没有令陶瓷杆的效果变灰；布鲁斯·福尔指出，坚硬而易碎的陶瓷杆外表具有一定的自净功能。但窗户就没有这种优点了，位于陶瓷杆幕墙后面18in（457mm）的磨光玻璃则需要花费相当的精力去清洗。《纽约时报》公司新总部大楼最多具有一种更亮的灰度，尽管因为其闪烁摇曳的光影和崭新透明的形象，而在大多数情况下被人们称为"灰色女士"（Gray Lady）。

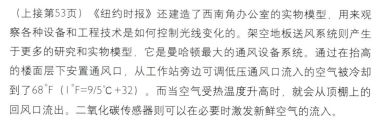

材料／设备供应商

幕墙： Benson; Seele（门面）	**入口大门：** Dawson Doors
木制地板： Haywood Berk	**吸声顶棚：** Armstrong
玻璃： Viracon; Saint Gobain（门面）	**装饰灰泥：** Island Diversified
天窗： Colt	**抬高楼板：** Haworth
	塑性分割： Laminart; Formica; Avonite

给该项目评定等级请登陆 architecturalrecord.com/projects/.

美术馆的东北角向一座院子敞开。这座院子曾是属于圣科伦巴教堂的公墓,第二次世界大战中毁于炮火

在**科隆大主教辖区美术馆科伦巴**，**彼得·卒姆托**将现代主义融入一处层累的历史遗迹，给予空间一种新的精神意味

PETER ZUMTHOR FUSES A HISTORICAL PALIMPSEST WITH MODERNISM AT KOLUMBA, ART MUSEUM OF THE ARCHDIOCESE OF COLOGNE, LENDING THE SPACE A NEW KIND OF SPIRITUAL OVERTONE

By Bettina Carrington　孙田 译　钟文凯 校

从西南角的入口（左图）可以进入格特弗里德·伯姆的"废墟圣母"礼拜堂。这座礼拜堂目前在美术馆建筑之内。主入口在沿西立面的更北处。北向的展厅窗户面对城市（下图）

彼得·卒姆托（Peter Zumthor）在科隆的科伦巴（Kolumba）属于一种不寻常类型的美术馆。与其认为它是艺术史的，不如认为它是传达灵感的，它对新老宗教艺术的并置意在激发对不同时期如何处理神圣主题的思考。在这个策展人所言的"反思的美术馆"（museum of reflection）——一个不设任何今天常见的娱乐要素（包括咖啡馆和礼品店）的机构——卒姆托这位以其冥想空间知名的隐逸的瑞士建筑师，为这座历史遗迹层累的建筑赋予了新的精神意味。

科伦巴于1853年由基督教艺术会（the Society for Christian Art）创立，收藏着从1世纪提庇留大帝（Emperor Tiberius）儿媳肖像到今天的宗教艺术。用策展人斯特凡·克劳斯（Stefen Kraus）的话说，"这座美术馆包含两千年的建筑、两千年的艺术"。这一机构曾受困于不稳定的财务状况，直到1989年为科隆大主教辖区管辖。10年之内，新的管理机构组织了竞赛，以新建筑取代了之前占有的4300ft²（399.5m²）的空间。卒姆托赢得了竞赛，其设计利用了现存墙体和基地上被毁的哥特教堂圣科伦巴不规则的多边形底层平面。17222ft²（1600m²）的展览空间耗资6450万美元，构成了几乎整座建筑。

圣科伦巴教堂有着双重历史，两者都与新建筑浑然一体。在一片几为第二次世界大战夷平的街区，一尊唱诗区柱子上的晚期哥特圣母像得以幸存，被认为几同神迹，以至于教区教堂特别为此建造了一座由格特弗里德·伯姆（Gottfried Böhm）设计的礼拜堂。伯姆设计的独立的八边形体量位于教堂的基底之内（"废墟圣母"礼拜堂建于1950年，一座圣礼礼拜堂则建于1957年）。然后，在1973年，老教堂下发现了一处重要的考古遗址，揭示出此地还有罗马、哥特以及中世纪的遗存。

为了不妨碍人们接近古代遗迹，卒姆托小心地在遗迹中点入外包混凝土的高挑纤细的钢柱，将美术馆的主体提升至近40ft（12.2m）高处。他从伯姆的圣礼礼拜堂混凝土砌块墙取法，以漏明砖砌（open brick-

Bettina Carrington是一位独立学者，经常写作关于博物馆建筑和设计的文章。

项目：科伦巴，德国科隆大主教辖区美术馆
建筑师：卒姆托工作室
Peter Zumthor, Rainer Weitschies
合作建筑师：Wolfram Stein
工程师：Jürg Buchli, Ottmar Schwab（结构）；Gerhard Kahlert（暖通、地热）；Hilger（电/水）

材料/设备供应商
陶瓷砖：Petersen Ziegel
照明：Zumtobel
警报：Bosch
电梯：Schmidt

位于建筑东南角的圣科伦巴教堂的圣器室（上图），现在朝天开敞。一条小路邻接美术馆东北角的庭院（右图）。前厅向庭院、考古废墟开敞，并通过一条窄楼梯连接展厅楼层（右下图）

work）的办法砌就新墙——其中内嵌结构柱网——置于哥特教堂的残墙之上。这一大尺度的空间和柔和的光线创造出了沉思的、大教堂般的气氛，为其他展厅铺垫了基调。

新美术馆的外墙和大堂的感性浅米色用材如谜莫测。初看像是精巧的瓷砖，实际是不同寻常的长而薄的砖，每块尺寸为21.25in（539.8mm）长、1.5625in（39.7mm）高。为确保与现场老建筑材料相容的色彩、规格和砌筑方式，卒姆托在丹麦定制了新砖，工人们不辞劳苦，历经两年手制完成。科伦巴块状体量的冲击力依赖于这些立面的材质对比——带有引人注目的漏明区域的新砖墙、哥特遗存的砖与石、一个入口或窗户的玻璃与钢。

一个谦逊的入口通往矩形新翼内的高窄空间，新翼是从伯姆的圣礼礼拜堂沿科伦巴街（Kolumbastrasse）加建的。一系列迷宫般的90°转折助访客从繁忙的街道过渡到平静的氛围，明亮、高耸的前厅俯瞰满植绿树、曾是一片墓地的安静庭院。垂直流线之外，这一矩形体量含办公室、一个图书馆和2层展览空间，其中，位于二层的展览空间延伸入教堂旧址之上。在整个二层和新翼的所有楼层，非常规的采暖和制冷来自利用地热源（geothermal source）的水管，自地面和双层墙体辐射而出。

美术馆入口散发的一本小册子指认着艺术品——没有墙上的作品标示牌或是声音导览——鼓励访客从容安排时间以满足其思维上的好奇。

没有一条既定的路线贯穿美术馆上下，逻辑上，访客通常从紧邻大堂的考古遗址的壮美空间起步。

审慎布置的高架照明器材补足了穿过漏明砖砌进入这一高耸空间的朦胧日光，照亮了考古发掘遗址。这幢建筑的上上下下有多种自然与人工照明的组合，营造了轻逸的效果。比尔·丰塔纳（Bill Fontana）的声音装置取材于鸽子呢喃——仿佛生活在废墟的鸽子——为场所更添静意。紫檀步道曲折蜿蜒于废墟之上，经过伯姆小礼拜堂的彩色玻璃和混凝土外墙到达旧日的圣器室，它现在向天开敞，放着理查德·塞拉（Richard Serra）的雕塑《溺水的和得救的》（The Drowned and the Saved）。步道的暗红颜色，大概会逐渐褪色，是惟一的不协和音。

曾界定为教堂墓地的庭院的东北立面,显示了砌筑起建筑外墙的长而薄的砖块尺度

格特弗里德·伯姆的"废墟圣母"礼拜堂（其外墙见于图中最右处）建于二战后，以颂赞一尊从炮火中幸存的圣母像。它目前是科伦巴美术馆的一部分，通过建筑西南角的入口（图中左下方）可到达

一条红色的紫檀步道曲折蜿蜒于在基地西南部发现的罗马和中世纪废墟之上。光线和街上的喧嚣自砖砌的孔洞滤过

三层一扇由地面及顶棚的窗俯瞰庭院和邻里，由此亦可见容纳行政办公室的美术馆顶层（图中右上方）

1. 入口
2. 前厅
3. 教堂墓地/庭院
4. 考古发掘遗址
5. 圣器室
6. 废墟圣母礼拜堂
7. 展厅
8. 藏经室（Armarium）
9. 塔状展厅
10. 阅览室

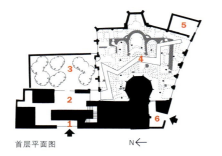
首层平面图

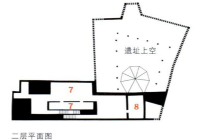
二层平面图

三层平面图

美术馆二层（右上图）和三层展厅（左上图）的节制品质为三层活泼的以桃花心木板为饰的阅览室（下图）所补偿

回到容纳交通流线的新翼，一条高而窄的楼梯升向其上5间相对较小的展厅。这些展厅就像另一层的11间展厅，形状各不相同，有着略带泥土色调的抹灰墙和无缝水磨石地面，间或以凹缝为界。在第三层，也就是最高的展厅层，房间的顶棚高度在13.5ft（4.1m）至36.5ft（11.1m）之间变化。如果小部分访客在一些展厅1.5in（38.1mm）高的门槛处绊了脚（为使观者警觉），这只是个小问题。展厅中的数间，从面对这座城著名的哥特大教堂及其周围街区的窗户获得日光，一间以桃花心木板为饰的诱人阅览室打破了展厅的序列。

历史物件中明显的宗教指涉，诸如礼拜用的圣杯和圣经主题的具象再现，在当代艺术中并不总是清晰的。譬如，抽象绘画的庄严效果，得益于建筑对自然光的处理，尤其是在三层的"塔状"展厅。晴朗的日子，北面展厅遍布侧高窗带来的天外之光，为陈列其中的艺术——爱德华多·奇利达（Eduardo Chillida）的毛毡作品《向十字若望致敬》（Homage to John of the Cross）和中世纪彩绘《圣母子》——更添神秘灵晕。

卒姆托在1997年完工的奥地利布雷根茨（Bregenz）美术馆（Kunsthaus）表现出的在材料、尺度、自然光和可持续性把握上的创新，在科隆已跃上新阶。在布雷根茨，美术馆需要能适应变换的展览的相似空间；在科隆，虽然建筑中有永久藏品陈列，但艺术品将持续轮换展出，故展厅并非为特定作品设计。尽管如此，卒姆托仍能创造条件，平衡展览容器和展览内容，增益对新旧艺术与建筑关系的理解。

给该项目评定等级，请登陆 architecturalrecord.com/projects/.

概评：

拒绝聚光灯，**彼得·卒姆托**设计的

By Layla Dawson 姚彦彬 译 戴春 校

彼得·卒姆托（Peter Zumthor）的魅力从何而来？这无关建筑的风格。正如建筑师自己曾经所言，"在完成任务的过程中，与其讨论风格，不如去关注某种特殊的方式、某种具体的自觉性"。他的项目数量不多而且尺度不大，多数位于瑞士东南部的格劳宾登州，或者附近的德国、奥地利和意大利。项目范围仅限于非商业的个人住宅或住宅群，以及社区、宗教或文化机构。卒姆托最为著名的项目是完成于1996年的瑞士瓦尔斯温泉（the thermal baths in Vals, Switzerland）、1997年奥地利的布雷根茨美术馆（the Kunsthaus Bregenz, in Austria），以及科隆主教堂艺术博物馆（Art Museum of the Archdiocese of Cologne, Kolumba）。通常他会花多年的时间与业主探讨设计，而在此之前，他不会建造任何东西。科隆主教堂艺术博物馆准备工作就有11年。布雷根茨美术馆历时18年，在2007年举办了卒姆托的展览，回顾了他从1986年在瑞士哈尔登施泰因（Haldstein）建立起工作室以来的作品。其柏林的美术馆项目用来展示纳粹的罪行史（Topography of Terror），记录并保留着当年盖世太保用以严刑拷打而挖掘的掩体，该竞标开始于1993年，但因为当时在预算方面发生争执而在2004年中断，业主取消了未完成的工程。如果项目没有彻底完成，卒姆托将一无所获。2001年卒姆托在工作室中曾言："我想要把事物简化到这样一个程度——没有人会认为它是'原本可以被淘汰的'，这也是我所追求的。"从创作角度来讲，极少主义（Minimalism）的创作与所需耗费的时间量成反比，所以很少有业主能为这个不断发展成熟的进程做出必要的财力准备。

1943年出生于瑞士巴塞尔的卒姆托，先在巴塞尔而后又到纽约普拉特学院（Pratt Institute）学习了设计和建筑。1979年他再次回到瑞士后，一直展现出对历史性建筑的关注，并建立了自己的工作室。其间他还曾于南加州建筑学院（Southern California's Institute of Architecture）和慕尼黑理工大学（Munich's Technical University.）任客座教授之职。1996年，他在瑞士意大利大学的卢加诺建筑学院（Lugano Architecture Academy of Switzerland's Italian University）任教授之职。

卒姆托常被归为新阿尔卑斯建筑派（new Alpine architecture）的先锋。他对作品极其详细地精心构思，并且酝酿长久，使它们几乎难以仅用"建筑"一词来形容。他的工作方式是典型的瑞士设计风格的缩写：凭借代代相传的经验和知识，运用物质的形状和制造工艺，以通览全盘的视野，思考原料的由来与其生命周期的演化；用专业的视角高度关注问题的解决方式；剥离表面元素，高度重视对方法、历史、想像的尝试和检验。在卒姆托手中，所有这些特征汇聚而成了永恒的现代性形式，表达了其神秘的、准宗教的核心理念——"美就是真，真就是美"（beauty is truth, truth beauty），原文载于济慈（Keats）所著《希腊古瓮颂》

Layla Dawson，德国，《中国的新曙光》（China's New Dawn）一书的作者。

卒姆托照于近期布雷根茨美术馆对他作品的回顾展上

2007年布雷根茨美术馆卒姆托作品回顾展，该奥地利美术馆由他亲自设计，于1997年开放，里面放映着由尼科尔六世（Nicole Six）和保罗·佩特里奇（Paul Petritsch）为其建筑做的影像记录，其中包括卒姆托的早期项目：1986年的一系列为罗马史前古器物做的保护性建筑，位于瑞士库尔（1）；完成于1996年的瑞士瓦尔斯温泉（2）；布雷根茨美术馆的磨光玻璃外墙（3）；美术馆中展出的瑞士展览馆模型（4）在尼科尔六世和保罗·佩特里奇的影片中，

宁静建筑仍然引人注目

(Ode on a Grecian Urn)。他会排除外在影响,转而强调诸如石头和木材等自然材料的天然成分、图案纹理和结构属性,甚至光线等难以捉摸的非物质实体的品质特性。

日光在布雷根茨美术馆中的作用举足轻重。双层玻璃外皮覆盖在方盒形建筑上,由内部三面表面光滑的灌浇混凝土墙支撑,光线由此渗透进来。晚上,安装在两面玻璃中间的詹姆斯·特里尔灯光装置(James Turrell installation)使建筑不断变换色彩。美术馆达到了实体物质所能达到的最为轻盈的程度,建筑被光征服。卒姆托把它称为"发光体"(leuchtkörper),或者"光中之体"(body of light)。

卒姆托在跟随父亲做了一段时间学徒且成为家具制作者之后,决定从业建筑,并对手工艺,特别是木结构产生了强烈的认同感,所以他同时是建筑师和工匠。如瑞士展览馆,用"围合物"(enclosure)或"遮盖物"(shelter)来描述这个作品都不准确。4.5万根新伐的落叶松木和苏格兰松木托梁水平堆积成墙体,并在拐角处楔形相接,光线从侧面开口进入,形成一个30ft(9.144m)高的迷宫般建筑。

在瓦尔斯温泉疗养地,卒姆托运用了所有基本的自然元素。游泳池半埋在天然岩石中,富含矿物质的池水在空气中会变成红色,同时红色的氧化铁会沉淀在混凝土池壁上。清水石墙上微量边缘呈锯齿状的瓦尔斯石英化合物、摇曳多变的光线、忽隐忽现的倒影,随着大自然的节奏,使这个如洞穴般的建筑生机勃勃——如同一个弥漫着泛神论气氛的非宗教性场所。

全球化建筑时代下,卒姆托备受尊崇的为大众建造纪念性建筑的工作方式被扼杀了。具有个人道德的建筑师在商业时代已经成为一种幻想,人们转而尊敬像他这样总能避开压力,又拒绝成为极度膨胀的利己主义者以获得公众性的建筑师。这种情况是一把双刃剑。一方面,卒姆托使自己尽量远离毕尔堡效应式(Bilbao Effect)的媒体宣传,而另一方面,他却无从得知德国建筑评论家Wolfgang Pehnt所谓的"瓦尔斯效应"。自从温泉疗养地建成后,瓦尔斯的宾馆预约率增加了45%。

大量诉求似乎是在诅咒卒姆托修道士似的形象。他在接受采访时说:"我们知道并不是所有的公共机构都是教堂,像艺术馆、音乐厅、民间音乐或其他机构,它们可以帮助我们反对强权,这对人们有利,展示了人们的优点,这些都是令人愉快的任务。"

在位于西德莱茵河边死火山区域的艾费尔高原(Eifel),卒姆托设计并协助建造了塔形钢筋混凝土的小教堂,业主是罗马天主教会的一对农民夫妇——Hermann-Josef和Trudel Scheidtweiler。建筑师和业主从1998年开始设计这个用来还愿的建筑。当卒姆托听说建造这座小礼拜堂是为了纪念16世纪的神秘主义者、和平传教士尼克劳斯·冯·弗吕艾(Nikolaus von Flüe)——一位他母亲最喜欢的圣徒时,他只收取了名义上的工程费用。

2007年5月,这座小教堂建成。三角形的钢门通向一个五角形、39ft(11.8872m)高的无窗光井,它由质地粗糙的素混凝土墙围合而成。混凝土墙的纹理形成于燃烧后的云杉枝干,那些枝干作为混凝土的支模模板,被绑成一捆捆竖立在那里,使建筑像是农场工人的临时掩蔽所。里面惟一的家具陈设就是一把木质长椅和悬挂着的符号。尽管是供奉虔诚信仰的教堂,但卒姆托的设计还是创造了一个冥思场所。

正如卒姆托曾经所言:"我的建筑是对基地的爱之宣言。"他的场所多半经过精心设计。但这就是卒姆托阅读地形并将他的建筑编织到地景中以展现前文所述隐匿品质的方式吗?也许在实质上,卒姆托现象是灵感的体现。

还展示了卒姆托在瑞士哈尔登施泰因的自宅(5),完成于2005年;与位于科伦巴的科隆主教堂艺术博物馆同时建造的小教堂(6),完成于2007年,位于德国费尔高原(Eifel)地区。小教堂入口是一个三角形的钢门,建筑内部呈不等边五角形,除此之外仅有一个39ft高的无窗采光井。内墙面质地粗糙,其纹理效果是将混凝土用云杉树枝压模,然后燃烧树枝留下的(7)

第一层的拱支撑长廊源自伊东对设计一个现代洞穴这个概念的痴迷。这个大型的非正式空间导向图书馆区域并作为一个社交核心以供学生交际，临时展示他们的作品，或者组织其他一些活动。一个由圆柱体的混凝土厨房侍应的小咖啡厅据守在展廊的一隅

在东京郊外的**多摩美术大学图书馆**，伊东丰雄将新型格网与创新性拱形体系结合在了他的设计之中

TOYO ITO COMBINES A NEW KIND OF GRID WITH AN INNOVATIVE SYSTEM OF ARCHES AT THE TAMA ART UNIVERSITY LIBRARY OUTSIDE OF TOKYO

作品介绍 PROJECTS

By Naomi R. Pollock, AIA　茹雷 译　戴春 校

伴

随着这些标志性的拱，伊东丰雄的多摩美术大学新图书馆洋溢出罗马风建筑的气息。然而，建筑师的灵感来于洞穴，而不是承压结构。因此，任何与欧洲先例的相似之处都局限在肤浅的表象上。与历史上曾出现过的直白而重复的体系不同，伊东的高科技混凝土曲线（它们每一条都不同）沿着不同的方向在建筑中优雅地踮起脚尖穿行。

这座建筑标志着对这个具有45年历史的校园的开发建设的最后阶段。伊东是该校的客座教授，这是他的两个多媒体艺术学校的客座教席之一。这里位于东京都心以西16英里（约合25.7km），毗邻空地的39英亩（15.7hm²）丘陵地带曾经被划作住宅用地，但是直到2007年还处于荒芜中。学校由一些玻璃与混凝土建筑组成，被绿树点装的街道所环绕。3600名学生每天穿梭于工作室与行为艺术设施之间。伊东的图书馆占据着一处特殊地块，俯瞰大学的主入口以及更远处的公共汽车站。建筑由两侧的墙勾勒出的边界，留下了强烈的第一印象：具有纪念性却不是纪念物；从尺度与材料中表现文脉而不迷失其中。

为了利用建筑的有利位置，伊东起初打算将图书馆埋在地下，在地面上留出一个单层的聚集空间作为师生的穿行通道与展示作品场所。但是这个想法未能得到学校管理方的赞同，他们设想着一座带有地下画廊的3层或4层建筑。另外，地下铺设的基础设施也让全面开挖无法展开。尽管存在这些阻碍，伊东还是不原意彻底丢弃他最初的概念。由此，他把地下的岩穴翻转过来，使之变成一座2层单一大空间的60700ft²（5639m²）的建筑，每层都以拱松散地分隔为功能区域。

建筑那洞穴式的首层是一片连续的混凝土层，沿着地块自然生成的坡缓缓地向北流去。它呈现为一个整合的、倾斜的空间，以一个拱支撑展廊为入口。展廊兼具人流管道与多用途展览空间的作用，这个非正规的展厅有着许多空间，以便学生围着内置的桌台聚集，或者展示他们的作品，无论是绘画还是行为项目。它司时作为入口门厅引向图书馆：在那里的首层有着借阅台、管理区、媒体吧，以及由跟尖角的楼面平行的玻璃覆盖着的杂志展示区。一组楼梯子似漂浮着的同心曲线混凝土升上

Naomi R. Pollock, AIA是东京的特派通信员。

项目：日本八王子市多摩美术大学新图书馆
建筑师：伊东丰雄事务所——伊东丰雄、东健夫、中山英之、庵原义隆
协理建筑师：熊谷组设计
工程师：佐佐木结构咨询公司（结构）
咨询顾问：建筑都市工房（互动设计）；藤江和子（家具设计）；Nuno（帘幕设计）
总承包方：熊谷组

新图书馆（上图）是东京郊外占地39英亩的多摩美术大学（基地图，右图；以及照片，下图）的入口。过去，多数建筑师利用拱来强调纵深与重量，但伊东则通过拱展示建筑围合的轻与薄

1. 新图书馆
2. 文理与信息设计大楼
3. 餐厅
4. 主入口
5. 媒体中心
6. 演讲厅
7. 旧图书馆
8. 停车场

二层的阅读空间（本页图）是一个大空间。蜿蜒的桌子激活了一层的多媒体区（对页图）

第二层，那里开架书架与闭架书架分布在两边，而主阅读区在它们中间展开。与楼下的一层不同，这里必须保证水平楼面以便送书的车可以搬运1万本藏书。但在头顶上，天顶和缓地倾斜着，将柔和的北向光注入整个第二层。

伊东钟意洞穴的原因之一是它先天的平衡空间诠释与连续性的能力。为把这个比喻转译到建筑语汇中，伊东排布开让人联想起钟乳石的拱序列。他从给关键建筑部件（如两组楼梯、一部电梯以及供热暖通设备）确定位置开始。将这些节点结合在其中，他造出相互交错的不同曲线：12条穿越建筑、4条界定边界。最后，他在必要的情形下也组合进来几条直线，如图书馆与长廊间的防火墙，以及基于预算所限而不得不处理成平面的两处外立面。

"本质上讲，我们创造了一种新型的格网。"伊东解释道。当方案从概念进展到现浇混凝土施工时，这些线的交接点就变成荷载的传输点。这使得建筑师自由地在竖向支撑之间切割出弧形的孔洞。在完工的建筑中，伊东原初的矩阵留下的仅有痕迹是这些穿过空间而切割的埃舍尔式的拱。

依照贝赛尔曲线，这些拱的精准而不规则的形状通过连接三个固定点而得来：两个端点与一个定点，后者是每一层的固定层高。它们产生的跨度[从9ft到49ft（约合2.7~14.9m）]对施工产生了极大的影响，因为每一个建筑组建都是不同的。

不过，在增加用钢之后，这些挑战都不在话下。结构工程师佐佐木睦朗想出了沿着折边板形成的铆接框架浇出混凝土拱，以减小其尺寸的办法。但是这个更增加了复杂性。折边板的厚度从0.4in到0.6in（10~15mm）不等，将完成的墙体的厚度从产业标准的12in（305mm）减少到更理想的8in（203mm）。而藉由增加强化钢筋的密度，建筑师与工程师能够在不增加不需要的墙体厚度的情况下，支撑起最大的跨度。

只有当拱与地面接触时，想利用折边板体系达致苗条的比例才开始变得困难起来。因为有着不同的形状差异与微妙的尺寸区别，这巨大数量的交叉基础需要另外一种方法以维系它们的优雅外表并且不伤及刚性与强度。因此，伊东与佐佐木设计出1~2in（25~50mm）厚的交叉钢板以支撑每个拱底部的3ft（0.9m）范围，而其上应用折边板。地平之下，应用橡胶减震垫以抵消拱的精巧底部所具有的抗震弱点（鉴于书的重量，在两个基础之间同样需要抗滑系统）。不过，基于混凝土的光滑表面与拱的平滑细条轮廓，所有这些辅助做法都无从觉察。

这一令人叹赏的结果来自建筑师与工程师的紧密协作。佐佐木说到："我们不得不调整很多的审定参数。"他与伊东从概念设计到最后一块钢板被铆接到位，一直紧密地合作着。略带一点结构工程莽夫的感觉，佐佐木是伊东的完美搭档，他们一起完成了建筑师许多最具创新性的设计，包括仙台媒体中心和各务原火葬场（《实录实录》，2007年3月，第166页）。

1. 咖啡厅
2. 咖啡厅厨房
3. 拱廊
4. 实验室
5. 借阅台
6. 办公室
7. 临时剧院
8. 开架书架/阅读
9. 索引台
10. 复印
11. 闭架书架
12. 机器
13. 小型储物
14. 新书/杂志/多媒体

A-A剖面图

地下室　　一层平面图　　二层平面图

在建筑外观上，上下两个楼层上并排的拱变成了围合式的窗洞，把四边统一起来。其高潮是两端的锋利边角，那里曲线的两个立面拥抱着雕塑花园与从校园入口伸展而来的街道。

给两个平立面安装玻璃相对容易些，而曲线墙面就是另一回事了。伊东想要完全平整的外表面，因而玻璃与混凝土必须平齐平。为做到这一点，他必须给每一个拱安装一个69in（1753mm）宽，由细钢直窗棱和铝窗框固定的无法开启的窗子。每个窗要向内细微地凹进0.16in（4mm），以传递一个连续平面的印象。这些精准的参数要求一个制造商切割玻璃片，另一个让玻璃弯曲。

建筑宽阔的玻璃面使学生在室内各处都可以欣赏到户外景观。为保持这些景观，伊东将室内分隔压到最少，并将家具维持在视线之下。多数家具由他与藤江和子工作室协作设计。在二层，低矮、蜿蜒的书架与网眼钢屏分隔开不同的功能区域，同时保持整个空间视觉上开放。取代常规阅读架的是连续的桌台，设置着内置的坐凳，沿着整个外缘而排布。另外学生也可以坐到这个巨大房间中间的40ft（12m）长的冷饮厅风格的桌子旁。金黄桦木的桌椅与其他奇妙装置，与布面椅子柔化了建筑坚硬的混凝土外观。在一层，伊东指定了厚垫椅子、个人视频观看站

和能够坐下6~8人的自由形式落座装置，便于不同目的的使用。这个起伏的钢支撑的平台仿佛是阿拉丁的飞毯，占据着建筑的尽端：这里两面墙会聚为一个锋利的尖角，顶棚冲上了23ft（7m）高。

与建筑结构出色的创新以及高度复杂的构造相比，这个图书馆则老套得有些古怪。在这里，信息依旧主要通过打印的文字与图片传递。图书馆有着足够的空间在未来30年内扩展其图书收藏，假设到那时书依旧存在的话。但即使书已经不复存在，伊东的建筑仍旧为现在与未来的学生树立了一个良好的榜样，展现了建筑师与工程师如何结合力量并找出一个激进的新方法，应用旧元素来建造，比如拱。

材料／设备供应商
玻璃：AGC Glass Kenzai
步道铺地：Hitachi Metals Techno
地砖：Hasetora Spinning

人工照明：Toshiba Lighting & Technology
家具制造：Maruzen + YKK AP; Inoue Industries
回风隔栅：Kawagur

给该项目评定等级，请登陆 architecturalrecord.com/projects/.

概评：继仙台多媒体中心之后，伊东丰雄的

By Dana Buntrock 凌琳 译 戴春 校

在 设计仙台多媒体中心的时候，伊东丰雄曾主动向我透露：结束这个项目后他将退休。这个消息使我吃惊。2001年伊东年满60，而仙台多媒体图书馆也在那一年开幕。在伊东看来，与其说60岁是"40岁的周而复始"，毋宁说是新一轮30岁的开始。多媒体中心竣工了，它壮观独特的结构足够建筑师详细研究几十年，而建筑师伊东选择继续前进。他非但没有退休，还为自己的建筑生涯设定了一个改变。当我第二次与伊东谈起他的职业方向时，他正在设计位于东京表参道的Tod's鞋业旗舰店（详见《建筑实录》，2005年6月，第78页），同时问自己还有什么有待学习。他认为，近年来表参道上确实出现了不少好建筑，可以看出，只要资金充裕，建筑师已经能够设计出精致灵巧的"珠宝盒"建筑来了。

然而伊东追求的不止如此。尽管不能明确地说出目的地在何处，但他明白自己正在疾驶向一个新的方向。在Tod's鞋业旗舰店中，与他合作的是杰出结构工程师新谷真人（Masato Araya）；而为了在新设计中进行更多探索，他打算和思路更为复杂也更为叛逆的结构工程师佐佐睦郎（Mutsuro Sasaki）进行合作。

继仙台多媒体中心之后，伊东的下一步探索已初露端倪。这次尝试遵循一条简单的原则：拒绝一切简单事物。对于绝大多数的建筑，你都可以从以下三方面进行评价：其一是立面与形式的吸引力，其二是平面与流线的组织，其三是材料和细部的处理。在多数情况下，只要你理解这些元素，就能迅速掂量出建筑背后那位建筑师的功力。不过，多摩艺术大学图书馆（Tama Art University library）是一个不同寻常的反例。立面上的拱券有着古怪的比例，如果从图形角度评判，恐怕只能用笨拙来形容。建筑形体是一个简单的、轻微扭曲的盒子，立面平滑得近乎缄默。从空空荡荡的平面图上也无从辨认空间的功能与路径，不肯透露空间的特征。室内一切家具摆设似乎可以在一个周末的功夫里清除干净，从图书馆变成美术馆、画室、仓库或舞蹈俱乐部。至于细部——多数建筑师会花心思制造亮点，诸如栏杆、门把手和灯具——这座图书馆的细部并非不优雅，却也看不出建筑师试图获得强烈美感的努力。总之，这是一座缺乏吸引力、容易被忽略的房子——直到你亲身体验它。

伊东的注意力在于两个建筑学中经常被低估的问题：结构和剖面。在此前的仙台多媒体中心，他探讨过两个重要概念：一是空间的流动性，二是透明、薄和

Dana Buntrock，加利福尼亚大学伯克利分校任教建筑学，"Japanese Architecture"杂志的特约作者（信息来源：Taylor & Francis, 2002）。

伊东丰雄在1971年创立事务所，名为都市机器人（Urban Robot），1979年更名为伊东丰雄合作事务所（Toyo Ito & Associates）

仙台多媒体中心（图1、2）以其创新的结构体系赢得国际声誉：成角度的管件在提供竖向支撑的同时引入自然采光，并在局部起着垂直交通的作用。位于东京表参道的TOD'S鞋业大楼（图3）表皮与结构互相交融，树状混凝土构件包覆整个建筑外部。伊东和塞西尔·巴尔蒙德在2002年合作设计的蜿蜒亭（Serpentine Pavilion, 图4、5）同样把结构本身作为建筑表皮2004年，在博多湾（Hakata Bay）嘻嘻公园，伊东设计了一片起伏的人造地景，屋顶和建筑内部都布置了植被，巨型天窗引入的阳光使室

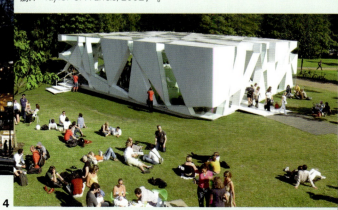

新尝试初露端倪

轻。在多摩图书馆中，上述两个概念得到了延续，但它们不是这座建筑的决定性因素。

在完成仙台多媒体中心的翌年，伊东设计过两个用结构充当表皮的临时建筑，一个是位于伦敦的蜿蜒亭（Serpentine Gallery，和奥雅娜的塞西尔·巴尔蒙德合作），另一个是位于比利时布鲁日的凉亭。这两个建筑都十分优美，建成后很快得到了传播与认可。这两个临时建筑位于欧洲，而伊东生活在地震频发的东京，结构在当地十分重要。面对抗震问题，伊东没有显出如临大敌的紧张姿态，而是给出直接的回应：让表皮充当结构。2005年位于东京银座的御本木珠宝（Mikimoto）"Ginza 2"店（外观被刷成粉红色）和此前的Tod's鞋店，都采用相同的"表皮－结构"。上述项目背后都有一个现代主义的逻辑：撕掉繁琐的装饰，着力表现技术。其中Tod's和御本木都是永久性构筑物，要求可封闭外维护结构；而临时凉亭只要求局部围合。从这四个项目的室外看来，图底关系显得不一致，伊东的这个策略在不经意间把人们的注意力集中于立面上美丽的图案。在多摩图书馆中，伊东认为图案是不重要的，他吸取了先例的经验，室内室外的剪力墙都是通透的、开敞的，然而不再追求美丽的图案效果。

伊东的另外一些近作，包括福冈的嘻嘻公园（Grin Grin Park）和岐阜县各务原火葬场（见《建筑实录》，2007年3月，第166页）都表明了剖面是如何塑造空间的。1998年伊东在长冈音乐厅（Nagaoka Lyric Hall）采用的波形板是他对剖面空间的首次尝试。近期在柏林和东京的展览设计使伊东有机会探索纯粹的剖面——只在一个面上做文章：地面。在柏林展厅中，他把密斯的新国家画廊（New National Gallery）转换成滚动而倾斜的室内地形。在多摩图书馆中，伊东尝试着在一个有明确功能的空间里运用地形变化，底层的铺装比起柏林展馆来显得含而不露，但是地面与可移动的书架、桌腿形成奇特的倾角，强调了地表的变化。

如果说早期作品暗示了建筑师思路的发展，那么多摩图书馆体现了伊东最感兴趣的一个尝试——假如它不是最后一个。它们使我们得以洞察一位有着非凡创造力和丰富经验的建筑师挑战自己的天赋。伊东聪明地懂得如何使建筑适合校园，有经验的建筑师和工程师固然十分欣赏多摩图书馆，而建筑朴素的光华同样也会感染每一位在校的学生。

内的树木与其他植物得以生长（图6、7）。2007年，在岐阜县的各务原火葬场（Kakamigahara Crematorium，图8）伊东再次用现浇混凝土塑造人工地形，并从剖面角度探索了结构形式

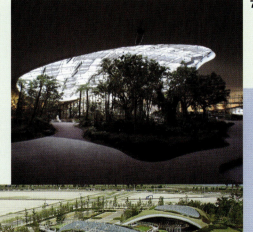

7

8

6

第二届《商业周刊》/《建筑实录》
"好设计创造好效益"中国奖颁奖典礼
五月上海 魅力盛放

二零零八年五月二十三日
上海市兴国宾馆

GOOD DESIGN IS GOOD BUSINESS

BusinessWeek

ARCHITECTURAL RECORD

You worked together. Now win together.

自1997年由《商业周刊》和《建筑实录》在世界范围内共同发起,"**好设计创造好效益**"这一奖项广为业主和建筑师所推崇。2005/2006年,首届中国奖也应运而生。

今年,《商业周刊》和《建筑实录》的编辑评审团从100多个来自中国大陆、香港、澳门和台湾的参选项目中评选出了**13项获奖作品**,包括**最佳公共建筑、最佳住宅建筑、最佳规划设计、最佳绿色设计、最佳历史保护、最佳室内设计**等六个项目类别,并将"**最佳业主**"授予了具有创新精神的房地产开发商万科企业股份有限公司。

5月23日的颁奖典礼暨"好设计创造好效益"研讨会将在上海兴国宾馆隆重举行。获奖项目的众多明星业主、建筑师将云集沪上,共享美誉,这必将会是今年中国建筑领域之荣耀盛事。如您有兴趣参与,领略这些获奖项目的风采,并与《商业周刊》和《建筑实录》的资深编辑面对面探讨当今中国的建筑现象,请及早预定席位!

浏览本届优秀作品,请登陆
http://archrecord.construction.com/ar_china/BWAR/

报名或垂询赞助信息,请联络李小姐
Tel:(8621)2208-0856, Email: lisha_li@mcgraw-hill.com

颁奖典礼详情,请浏览www.construction.com/events/BWARChina/

The McGraw·Hill Companies